知の扉
シリーズ

吉田伸夫

技術評論社

量子論はなぜわかりにくいのか

「粒子と波動の二重性」の謎を解く

はじめに

量子論は、漫画やアニメなどのサブカルチャー作品で、結構もてはやされているようだ。人気アニメ『涼宮ハルヒの憂鬱』では、オープニングタイトルのバックに物理学の学術用語や数式が次々と映し出されており、その中には、ブラ＝ケット記法で書かれたシュレディンガー方程式や、スピンの交換関係などもある。

もっとも、こうした扱いは、きちんとした学問的理解に基づいているわけではない。『ノエイン もうひとりの君へ』では、多世界解釈らしきものに基づいて、運命を選び直す可能性が示唆されているし、『ゼーガペイン』では、量子コンピュータの内部に現実と変わらない擬似世界が構築されている。いずれも、物理学的にはあり得ないファンタジーの話である。SF作家のアーサー・C・クラークは、「高度に発達した科学は魔術と見分けがつかない」という名言を残したが、どうやら多くの現代人にとって、量子論は、科学と言うより魔術に近いものに見えるらしい。

量子論が魔術じみたものとして捉えられるのは、一般に流布している解説が常識を大きく逸脱しているせいでもあろう。「シュレディンガーの猫」「多世界解釈」「量子もつれ」といった量子論の話題は、しばしばあまりに現実離れした説明がなされ、人々を混乱させる。

　私に言わせれば、こうした常識を逸脱する説明は、量子論に対する誤解を増やすだけである。量子論は、もっとリアルで実用的な理論であり、常識に沿った範囲で理解することが可能である。本書は、リアルなイメージに基づいて、常識的な立場から量子論を理解しようとする試みである。

　本書で語られる量子論は、あまりにリアルすぎて、漫画やアニメに登場する量子論に比べると、夢がないと感じられるかもしれない。しかし、これが（私の信じるところによれば）量子論の真の姿である。高度に発達した科学でも、充分な知識があれば、魔術とは異なる合理的なものであることがわかるはずだ。

吉田 伸夫

はじめに　　　　　　　　　　　　　　　　　　　　2

第1章　量子論とはいかなる理論なのか ―――――― 7

実用ツールとしての量子論　　　　　9
量子論は常識に反する理論か　　　　15
幾何学的秩序を生み出す量子効果　　19
秩序の根底にある波動　　　　　　　21

第2章　波と量子 ――――――――――――――――― 29

原子はなぜ安定に存在できるのか　　30
量子仮説の登場　　　　　　　　　　33
ボーアの原子模型　　　　　　　　　36
物質波から波動関数へ　　　　　　　40
波動一元論の破綻　　　　　　　　　47
波動関数とは何か　　　　　　　　　49
台風の確率予報と波動関数　　　　　50
シュレディンガーの洞察を生かす道　52

第3章　相補性の落とし穴 ――――――――――――― 55

ゾンマーフェルトの量子条件　　　　56
行列力学の誕生　　　　　　　　　　59
行列力学の体系化　　　　　　　　　64
行列力学における方法論の変質　　　68
交換関係は原理か　　　　　　　　　71
相補性の落とし穴　　　　　　　　　76

第4章　場の量子論と実在 ── 81

　光は粒子か波動か　　　　　　　　84
　場の量子論の受容　　　　　　　　88
　場を量子化する　　　　　　　　　92
　波の波動関数　　　　　　　　　　98
　量子論と実在　　　　　　　　　　101

第5章　誤差・揺らぎ・不確定性 ── 105

　ハイゼンベルクの思考実験　　　　107
　擾乱のない測定と小澤の不等式　　110
　不確定性関係の導き方　　　　　　114
　不確定性関係は何を意味するか　　116
　経路積分の考え方　　　　　　　　120
　経路積分法に基づく不確定性の解釈　124
　揺らぎの拡がりとしての不確定性　128

第6章　混乱する解釈 ── 131

　ノイマンによる観測の理論　　　　133
　量子論的な《歴史》　　　　　　　136
　霧箱における観測の理論　　　　　141
　二重スリット実験とデコヒーレンス　143
　デコヒーレンスに基づく《歴史》記述　147
　デコヒーレンスの不完全さと多世界解釈　151
　場の量子論における《歴史》　　　154

第7章 相関か相互作用か ———————————— 157

EPR相関とは何か 159
EPR相関の統計的性格 161
光子の偏光 165
偏光におけるEPR相関の観測 167
ベルの限界 171
ベルの限界の求め方 173
ベルの限界はなぜ破られたか 179

第8章 量子論の本質 ———————————————— 185

場の量子論が描く世界 187
要素に還元できない物理現象 190
量子論はなぜわかりにくいのか 195

おわりに 200
参考文献 202

量子論とはいかなる理論なのか

第1章

量子論は、実にわかりにくい。単に、理論の構成が複雑であるとか、高度な数学を用いるからというのではなく、「波動関数など基本的な概念が理解できない」「具体的なイメージが思い描けない」といった、根の深いわかりにくさである。

　量子論に関する文献は膨大なので、これらを渉猟して知識を吸収すれば、自分なりに理解できるようになると思われるかもしれない。しかし、文献によっては、主張が食い違っていたり、杜撰な記述が見られたりするので、量子論の初歩をかじっただけの人にとっては、かえって混乱の元になる。ここ何年かは、「量子もつれ」と呼ばれる現象を中心に量子論が日常的な常識といかに隔たっているかを解説した著作が続々と出版されているが、この現象は初学者には理解が難しい上、まるで離れた物体が超光速で交信しているかのように説明する文献もあって、誤解を招きかねない。

　それにしても、量子論の解説書は、どうしてああもわかりにくいのか？　明快に説明する努力を放棄しているとしか思えない。「位置や運動量が確定しない」のような否定的な表現や、「粒子であると同時に波である」といった矛盾した表現を用いたものが多く、文章の意味を掴むことすら困難な場合がある。

　こうしたわかりにくさには、量子論の特性に起因する部分もあるが、かなりの程度まで、説明の仕方に由来する。イメージが思い描けないのは、量子論が人間の知性を超えた理論だからというよりも、むしろ、イメージしやすいリアルなモデルを提

供しようとしない物理学者の責任である。リアルなモデルを用いずに説明するという方法論は、量子論の勃興期にボーアやハイゼンベルクが課した"戒律"と言っても良い。

本書の目的は、この戒律を破り、可能な限りリアルなモデルを使って説明することで、量子論的な現象に関する具体的なイメージを思い描けるようにすることである。

リアルなモデルを採用することに対して、反対の立場もあるだろう。観測問題などを持ち出して、モデルによるイメージは量子論に馴染まないと批判されそうである。しかし、こうした批判こそ、ボーアやハイゼンベルクの戒律を墨守することに他ならない。現在では、彼らが量子論を構築した当時とは比べものにならないほど広範囲な分野に応用が拡がり、実用的なツールとして量子論が利用されている。そうした中で、量子論にまつわる哲学的な議論のかなりのものが、旧弊な見方として淘汰されたことを知ってほしい。

まずは、応用分野で量子論がどのように扱われているかに注目しよう。

実用ツールとしての量子論

量子論には、2つの顔がある。1つは、半導体設計や新素材開発を支える実用的な理論としての顔。もう1つは、それ以前の古典論とは根本的に異なる新たな自然観を提供してくれる哲

学的な理論としての顔。しかし、この2つは、必ずしも調和がとれているわけではない。仕事で量子論を扱う科学者・技術者の圧倒的多数は、あくまで役に立つツールとして利用するだけで、哲学的な議論は、技術的応用を考える際には邪魔にしかならない無用の長物と見なす傾向にある。一方、量子論の哲学的な面についての考察を行うのは、基礎を専門とする比較的少数の研究者に限られる。「量子論とは何か」といった一般向けの解説書は、主に後者の専門家が執筆するため、これを読む人は、身の回りで起きるさまざまな物理現象と量子論がどのようにかかわっているか具体的なイメージがつかめないまま、常識に反した性質ばかりを開陳されることになる。こうしたことが繰り返されると、「量子論は良くわからない」といった思いが募るのではないだろうか。

　量子論を理解するための第一歩は、実用的なツールとして使うケースに目を向けることである。量子論が現代科学の根幹として全幅の信頼を勝ち得ているのは、これが、物理学のみならず化学や工学を含むさまざまな分野で、従来の理論では全く説明できなかった現象（例えば、幾何学的秩序を持つ結晶の存在）に関して、明確な説明と定量的な予測を行えるからである。実用面で大きな成功を収めた理論だという確実な基盤があるからこそ、量子論の可能性を徹底的に探求しようとする動きが現れ、そこから、「量子もつれ」や「多世界解釈」といった一般の人も興味を持つ話題が派生してきたのだ。こうしたトピックに関

心を持つのはかまわないが、これらはあくまで派生的な枝葉にすぎない。量子論の王道は、応用分野にこそある。一般向けの解説書を読むと、量子論的な現象がさも常識から隔たっているかのように書かれているが、量子論の王道では、そうした現象も、日常的な直観の延長線上で理解されることが多い。

　例えば、少し古い解説書には、量子論的な対象に関して、「人間が観測する以前にどのような状態にあるかを記述することはできない」などと書かれていることがある。これを真に受けると、「観測されていないときの電子はどうなっているのか？」と悩んでしまうのだが、量子論を実用ツールとして利用する研究者──例えば、量子効果を利用した半導体素子の設計者──は、そんな余計な疑念に惑わされないだろう。現在では、ナノメートル（十億分の１メートル）サイズのトランジスタやメモリなどで、ごく普通に量子効果が利用されている。フラッシュメモリーでは、トンネル効果（量子論的な対象が、ニュートン力学では越えられないポテンシャル障壁を透過する現象）を利用して、電子を閉じ込めたり取り出したりしているし、薄膜を何層にも重ねることで電子の量子論的な振る舞いをコントロールする超格子も、実用化されている（次ページ**図 1-1** には、超格子構造を持つ半導体の例を示した）。こうした素子内部における電子の振る舞いは、特定の条件下でのシュレディンガー方程式を解くことによって予測できる。この予測を基に、「ある素子に電子が捕捉された場合にはどのような動作をするか」といっ

た記述を組み合わせていくと、素子に捕捉されたり移動したりする過程を逐次的に記述することが可能になる。素子を設計する段階では、実験的に電子の動きを追跡して動作を確認することもあるが、コンピュータやスマートフォンなどの製品に組み込まれた素子では、もはや人間に観測されることはない。誰も観測していないにもかかわらず、きちんと作られているならば、半導体素子は設計段階で予測した通りに動作するはずであり、そのような動作の際に電子がどのように動いているかは、理論的に記述可能である。

　量子論の解説書では、しばしば、観測がさも重大事であるかのように語られるが、量子論を具体的に応用する際に、観測による波動関数の収縮を取り上げるいわゆる「観測問題」が議論

図 1-1　超格子の構造

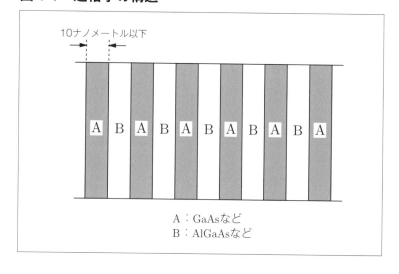

の俎上に載せられることは、まずない。もちろん、不確定性関係の制約があるため、電子がニュートン力学における質点のように明確な軌道を描いて運動するわけではないが、こうした基本的制約の範囲内であれば、量子論的な対象がどのような過程を経て変化するかを、観測抜きの客観的な事実と見なしてもかまわない（このとき、鍵となるのが量子論的な干渉の喪失——いわゆるデコヒーレンス——だが、この問題については、第6章で改めて議論する）。

　量子論を実用的なツールとして扱う際に共通して見られるのは、難解な哲学的議論を排除して、明快ではっきりした描像を採用するという方法論である。こうした方法論を採用しても、不確定性関係などの量子論の基礎法則を遵守する限り、応用上は何の問題も生じない。

　観測の問題だけではない。量子論を過度にわかりにくくする元凶が、哲学的な議論の際にしばしば援用される相補性原理だが、明快さを重んじる応用の現場で、相補性のような曖昧な主張が取り上げられることはない。

　相補性を提唱したボーアは、古典論と量子論を両立させることは困難であり、それぞれ相容れない立場からの記述だとして、状況に応じていずれかの描像を採用しなければならないと主張した。しかし、実際に量子論が応用される局面では、ごく当たり前のように、古典論と量子論の記述がミックスされる。強磁性体の自発磁化のような、対称性の破れを伴う現象の場合がそ

うだ。磁性体における磁化は、マクスウェル電磁気学では説明できない量子論的な現象で、個々の原子が持つ磁気モーメントに由来する。ところが、強磁性体では、外部から磁場を加えなくても、近隣の磁気モーメントの向きが揃う自発磁化と呼ばれる現象が起きる。こうした現象を記述する場合、量子論だけでは磁化の向きが決定できないので、古典論を併用せざるを得ない。

　波動と粒子の二重性に関しても、似たような特徴がある。量子論的な対象は波動性と粒子性を併せ持つことが知られているが、相補性のアイデアに基づいて、「この2つの性質が同時に顕現することはない」と主張する論述を目にすることもある。だが、厚さがナノメートル程度の薄膜内部を運動する電子を扱う場合は、膜の面に平行な方向に関しては粒子として、垂直な方向に関しては波動として扱うのが普通であり、単一の対象が粒子的であると同時に波動的であることが含意される。薄膜を何層も重ねた超格子における電子の振る舞いなど、波動性と粒子性が同時に現れる事例は、枚挙にいとまがない。

　実用に供される現場では、量子論は、実に明快に語られている。量子論がわかりにくくなる原因の一つは、妙に晦渋な哲学的議論によって具体的なイメージが作れなくなることだが、そうした哲学的な議論の中には、応用があまり進んでいなかったボーアやハイゼンベルクの時代ならいざ知らず、現在では省みられなくなっているものも少なくない。特に、波動関数の収縮

に関する観測問題や、古典論と量子論の相補性などに関する議論の大半は、量子論をどのように適用すべきかがはっきりしたこんにちにおいては、もはや真剣に考える必要がない（本書では、相補性に関しては第3章で、観測問題に関しては第6章で、再び取り上げる）。こうした余計な論考を排除するに当たっては、量子論が実用ツールとしてどのように使われているかについて、多少なりとも知っておくことが役に立つ。

量子論は常識に反する理論か

　一般向けの書物では、量子論がいかに日常的な常識から乖離しているかを強調することが多い。しかし、反常識的な振る舞いは、光子ペアを用いた量子もつれの実験のように、かなり特殊な装置を用いた場合にのみ現れるものであり、多くの量子論的な現象は、その背後に何があるかをイメージできれば、それほど常識に反するわけではない。哲学的な議論も、ほとんどの場合、不要である。こうしたことは、量子論を実用的なツールとして利用する人たちには、ごく当たり前のことだろう。だが、量子論の勉強を始めようという人たちは、応用に関する知識のないまま、一般向けの解説書を読んで理解しようとするため、かえって、量子論の不思議さに幻惑されてしまう。

　量子論の解説書で反常識的な話題ばかり取り上げられるのは、初学者をいたずらに混乱させるだけで、好ましいやり方とは思

えない。言うなれば、逆立ちゴマ（**図1-2**；柄の細いマッシュルームのようなコマで、回転速度を速くすると柄が下向きの重心が高い状態で回り続ける）を使ってニュートン力学における角運動量保存則を説明するようなものだ。逆立ちゴマは、回転速度に応じて柄が上になったり下になったりする奇妙な振る舞いをするので、角運動量保存則が時に常識を越えた結果をもたらすという事例になってはいるが、ニュートン力学の入門書で紹介すると、かえって人を混乱させるだけである。量子論でも同じことだ。入門書では、量子もつれのような常識はずれの特異な事象を例に不思議さを強調するよりも、まず、そもそも量子論で何が明らかにされるかを具体的に説明すべきだろう。

　私が強調したいのは、量子論とは、特殊な実験を行うことによって、はじめてその本性が明らかにされるような不可解な理論ではなく、より直観的な理解が可能だということだ。このことは、量子論が、身の回りの出来事にかかわるごく日常的な現象を記述できるという事実を知れば、はっきりする。

　量子論は原理的な理論なのだから、実用面よりも、その本質的な特性を理解する方が重要だと思う人がいるかもしれない。しかし、市販の解説書で説明されているいわゆる「量子力学（Quantum Mechanics）」は、実は、原理的な理論ではない。この理論は、質点（質量を持つ点状の粒子）を扱うニュートン力学に、対応原理を適用して構築されたものであり、ニュートン力学が非相対論的であるのと同じように、「相互作用が伝播

図1-2　逆立ちゴマ

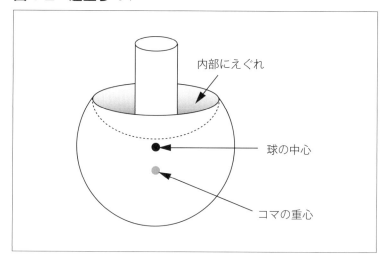

するスピードは光速を超えない」という相対論の要請を満たしていない。原理的な理論は相対論の要請を満たす必要があるので、量子力学とは、あくまで、運動速度が光速に比べて充分に遅い現象に適用するための実用的な理論でしかないのである。そこで、本書では、いわゆる量子力学のことを、「力学体系と呼べるほど立派なものではない」というニュアンスを込めて、**「粒子の量子論」**と呼ぶことにする。

相対論に適合する原理的な量子論は、粒子ではなく場に量子化の手法を適用した**「場の量子論」**である。量子論の重要な性質である不確定性関係について言えば、粒子の量子論では、「粒子なのに位置が確定していない」というほとんど理解不能な主張になるが、場の量子論では、「場の強度が不確定になる」と

いう、もう少しわかりやすい主張に置き換えられる。また、「粒子であると同時に波である」という二律背反的な主張ではなく、「波が粒子のように振る舞う」となる（いずれも、第4章で説明する）。

このように見てくると、わざわざ理解しにくい粒子の量子論に基づいて、原理的・哲学的な議論をするよりも、場の量子論を援用した方が、議論がスムーズになることがわかるだろう。だとすれば、粒子の量子論の段階では、「実在とは何か」といった問題にはあまり深入りせず、量子論について具体的なイメージを作り上げた方が、誤解が生じにくいはずである。

本書では、粒子・波動の二重性や量子もつれなど、解釈の難しい量子論の性質を議論する前に、まず、量子論が日常的な物理現象にかかわるものであり、世界になぜ秩序が存在するかを明らかにする理論であることを示したい。物理学になじみのない一般の人が量子論を反常識的で摩訶不思議なもののようにイメージしがちなのは、これを、日常的な現象と結びつけられないからである。実際には、量子効果は身の回りの至る所に見られるものであり、われわれの環境が定量的な規則性を持つ秩序正しい世界であることを支えている。

幾何学的秩序を生み出す量子効果

　量子効果のことを、ミクロの世界でのみ見られる特異な振る舞いで、精密な測定装置を使わなければ検出できないものだと思っている人が少なくないが、そんなことはない。われわれの身の回りで起きる物理現象の多くが、量子論を用いなければ説明しようがないのである。例えば、弾性を有する固体の存在は、ニュートン力学やマクスウェル電磁気学など古典論の範囲では、どうしても説明できない。水が0度で凍り（1気圧の下では）100度で沸騰するのも、金属や塩の溶液が特有の色を示すのも、量子論を使ってはじめて説明できる現象である。物質の性質のうち、固有の定数に基づく規則性を示すものは、その根底に量子論的な現象が存在すると考えて、まず間違いない。

　最も顕著な量子効果の例が、結晶の持つ幾何学的秩序である。雪の結晶が正六角形を基本構造とする形状であることは肉眼でも観測可能だし、高濃度の食塩水をゆっくり蒸発させて直方体に近い塩化ナトリウムの結晶を析出させることもできる。結晶がこれほど見事な幾何学的秩序を持つ理由を、「物体が相互に力を及ぼしあって運動状態を変化させる」という形式の理論で説明することは、ほぼ不可能である。このことは、ニュートン力学で実現可能な秩序と比較すると、わかりやすい。

　ニュートン力学が生み出す秩序の典型例は、太陽系における

惑星軌道である。惑星は、太陽の周囲に形成された円盤状の分子雲内部で物質が凝集してできたものだが、初期に誕生した無数の微惑星のうち軌道が交差するものがあると、合体したり弾き飛ばされたりするため、安定した軌道を描く巨大な惑星だけが生き残る。安定した軌道の大多数は円軌道で、1つの円軌道には1個の圧倒的な質量を持つ惑星とその衛星しか存在しないのが普通だが、中には、共鳴関係と呼ばれる特殊な軌道を取ることで、例外的な軌道を持つものもある。海王星と交差する楕円軌道であるにもかかわらず、公転周期が海王星の2分の3なので長期にわたって安定した軌道を保てる冥王星や、木星と同じ軌道上にありながら、太陽・木星と正三角形を構成する位置（ラグランジュ・ポイント）を保つトロヤ群小惑星などが、共鳴関係にある天体の例である。ニュートン力学で実現できるのは、せいぜいこの程度の秩序でしかない。

　近代以前の天文学者は、惑星軌道の大きさに何らかの数学的な関係があると考えた。例えば、18世紀の天文学者ボーデは、隣り合う惑星の軌道半径の差が等比数列になるというボーデの法則を提唱した。火星と木星の間にある小惑星ケレスを含めると、確かに、天王星まで数パーセントの誤差で実際の値と一致するが、海王星では大きくずれる。現在では、ボーデの法則が成り立つ理論的な根拠がないため、全くの偶然で成り立つように見えただけだとされる。

　ニュートン力学が作り出す秩序としては、他に、砂丘などの

表面に見られる風紋がある。砂が盛り上がった部分の風下と風上でどのように砂粒が移動するかについて方程式を立てると、風紋の成長や変化について、ある程度の理論的な予想ができる。しかし、風紋は美しい模様ではあっても複雑精妙な秩序ではなく、風紋が進化していつしか生命が誕生することなどあり得ない。

　量子論は、幾何学的秩序を生み出せるという点で古典論とは根本的に異質な量子効果を記述できる理論なのであり、そのことをきちんと把握することが、量子論を「わかる」ための最初のステップとなる。

秩序の根底にある波動

　結晶は、きわめて高い精度で幾何学的な秩序が実現されたものである。例えば、塩化ナトリウムの結晶は、塩素イオンとナトリウムイオンが立方体の頂点の位置に交互に存在する面心立方格子の構造をしており、格子定数は、どの結晶でも等しく0.56ナノメートル（1ナノメートルは10億分の1メートル）である（次ページ図1-3）。こうした結晶構造は、電子顕微鏡などによって実験的に解析されたものだが、高濃度の塩から析出した結晶を光学顕微鏡で観察しても、その構成要素が幾何学的な構造を持つことがわかる。

　こうした幾何学的な秩序は、いかにして実現されているのだ

ろうか？　原子論的な発想に基づいて、空間内部に孤立した粒子が存在しており、これらに力が作用して運動すると考えてみても、およそ実現されそうにない。しかし、古典的なニュートン力学の範囲でも、連続的な媒質の場合は、幾何学的な秩序が実現されることがある。ある領域に閉じ込められた波が、特定のパターンを持つ定在波を形成するケースである。

　通常の波は、特定の波形がある方向に進んでいく進行波となる（**図 1-4**）。これに対して、定在波は、両端を固定された弦や、バスタブや水槽に入れられた水の振動のように、同じ場所で上下動を繰り返す波である（**図 1-5**）。定在波がどのようにして形成されるかを具体的にイメージすることは、後に場の理論を考える際の参考になる。バスタブの水の中央付近を掻き乱すと、はじめのうちは進行波が生じて境界面で反射されるが、こうし

図 1-3　塩化ナトリウムの結晶

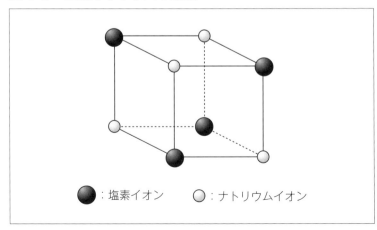

た進行波と反射波が干渉しあって、最終的には、同じ場所で上下動するだけの波が生き残る。こうした波は、互いに打ち消しあわない共鳴条件を満たす波である。したがって、**定在波とは、波を閉じ込めたときに、干渉によって打ち消されずに残る共鳴パターンと見なすことができる**。量子論においても、こうした共鳴パターンが至る所で登場し、重要な役割を果たす。

　定在波が幾何学的な構造を作り出すことは、状況に恵まれれば、実際に目の当たりにすることができる。例えば、メガネや

図1-4　進行波

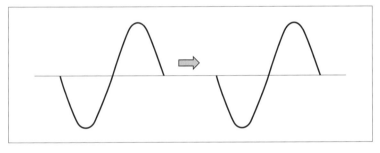

図1-5　定在波

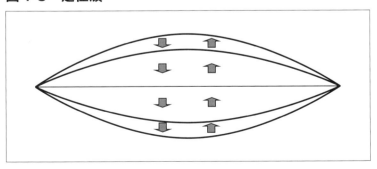

時計をきれいにする超音波洗浄器に水だけ満たしてスイッチを入れると、機種によっては、水の表面にきれいな定在波が生じる。

　定在波が作る振動パターンの実例として、太鼓のように、円形の枠に固定された膜が振動する場合を考えよう。膜の変形に対して線形な膜応力が存在する場合、膜上の点がピンと張った状態から垂直方向にどの程度だけずれたかを表す変位は、波動方程式に従うことが知られているので、枠で変位がゼロになるという条件から方程式を解いて、どのように振動するかを求めることができる。振動パターンは、中心からの距離に依存する部分と、基準となる半径から計った角度に依存する部分の積に分けて表すことができ、それぞれが、進行しない定在波の形になっている。定在波には、"節"と呼ばれる全く振動しない部分が存在するが、**図 1-6** には、角度に依存する部分に直線上の節が 2 個存在する場合の振動パターンを図示した。図で色の濃い部分と薄い部分は逆の位相で振動しており、濃い部分が飛び出すときには薄い部分が引っ込むような変位になる（図の下には、x 軸に沿った変位も示した）。

　このように、波をある領域に閉じ込めると、一般に定在波が形成される。その振動パターンは、円形膜における節の個数のような整数によって分類され、定在波が描く波の形は幾何学的な形状となる。こうした性質が、結晶に見られる幾何学的なパターンと類似していることに、注目していただきたい。この類

似性は決して偶然のものではない。量子論で結晶構造を求める際には、計算式に定在波が現れ、これが幾何学的なパターンを生み出していることがわかる。ハイゼンベルクは、こうした定在波は実在的ではないと考えたが、果たしてそんなに簡単に割り切って良いのかが、以後の議論において重要なテーマとなる。

　量子論が波動に関する理論であるという前提の下に、現実に存在する波動をイメージし、この波動が世界の秩序を実現していると考えると、量子論がいかなる意味を持つかが明快になるだろう。なぜ結晶は整然とした幾何学的秩序を実現しているの

図1-6　円形膜に生じる振動パターン

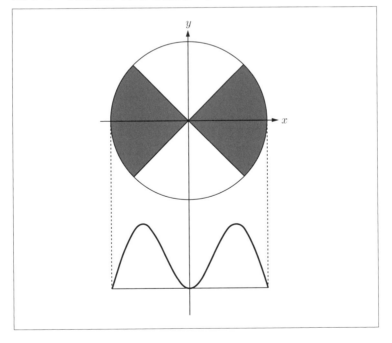

か、電子はいかにしてエネルギー的に通り抜けられないはずの障壁を透過するのか――こうした問いには、粒子描像にしがみついている限り、答えられない。幾何学的な秩序は定在波のパターンが生み出すと見なすとしっくりするし、トンネル効果が起きるのは波が壁を通り抜けるのと類比的に考えることができる。量子論的な現象は、リアルな波動によって引き起こされると考えると、具体的なイメージが作り上げられる。さらに、波動のモデルに基づけば、「粒子であると同時に波である」といった矛盾した表現や、「位置や運動量が確定しない」のような否定的な表現ではなく、「波が粒子のように振る舞う」「位置や運動量には（量子揺らぎとして表される）拡がりがある」というわかりやすい表現にすることも可能である（「粒子のような振る舞い」については第4章、「量子揺らぎ」については第5章で説明する）。

　具体的なイメージによってわかりやすさが増すことは、逆に言えば、量子論がわかりにくい理由を明確にする。量子論がひどくわかりにくいのは、物理現象の根底に存在する波動にリアリティを与えるような記述がなされないためである。第2章と第3章で示すように、波動をリアルなものとして扱わない背景には、歴史的な事情がある。この事情によって、量子論では物理的な実在についての記述が大幅に制限されており、そのせいで、理論に現れるさまざまな物理量と物理現象との関係が見えにくくなっているのである。

一般的な量子論の議論で、なぜ波動についてリアルに記述されないのか、正統的とされるボーアやハイゼンベルク流の議論のどこに問題があるか――そうした点について、次章以降で論じていきたい。

波と量子

第2章

量子論とは、原子レベルの物理現象に波としての性質（波動性）が強く現れることを示す理論である。にもかかわらず、どんな波が存在するかについて、量子論の枠内で具体的に記述されることはほとんどない。なぜ、リアルな記述がこれほど敬遠されるのか？　その発端は、20世紀前半に、量子論の体系化を巡って2つの学派―と言うよりは、シュレディンガーとハイゼンベルクという2人の物理学者―が対立し、最終的に、ハイゼンベルクを中心とする行列力学の一派が勝利を収めたことにある。

　本章では、原子の安定性という謎に関して物理学者たちがどのように取り組んできたかを歴史的な経緯に沿って説明するが、後半で述べるシュレディンガーの波動一元論と、これに対するハイゼンベルクやボルンの批判がポイントとなる。

原子はなぜ安定に存在できるのか

　19世紀後半、化学反応の量的関係から原子の存在が確実視されるようになると、次の段階として、原子の実態を解明するための実験が次々と試みられる。ところが、こうした実験を通じて浮かび上がってきたのが、原子の不可解さである。中でも最大の謎とされたのが、「原子はなぜ安定に存在できるのか？」だった。

　強い電圧を加えたとき、真空管のマイナス電極からビームが

放出されることは、19世紀半ばから知られていたが、このビームに磁場をかけるとニュートン力学に従う粒子と同じように曲がることから、一定の質量と負電荷を持つ粒子の流れだと解釈された。電子と名付けられたこの粒子は、原子よりも遥かに軽く（最も軽い水素原子の約 2000 分の 1）、あらゆる物質の内部に存在することも確かめられた。このため、原子は、質量の大部分を占める重い正電荷と、強い電圧を加えると正電荷から引き離すこともできる複数の電子から構成されると推測できる。しかし、具体的なモデルを構築することは、困難を極めた。

困難の原因となったのが、古典電磁気学の法則である。マクスウェルの理論によれば、電荷を持つ電子が動き回ると電場を変動させ、その結果として電磁波が外部に放射されるので、運動する電子は放射された分だけエネルギーを失う。重い正電荷と軽い電子という組み合わせは、太陽系における太陽と惑星の関係に似ており、正電荷の周囲を電子が公転するというモデルが直ちに思いつくが、このモデルでは、電子が公転することによって電磁波が放出され、それとともに電子はエネルギーを失って軌道半径を小さくしていき、最後は正電荷と合体してしまう。この過程は、軽い電子が高速で運動するために一瞬のうちに起き、原子は潰れて物質を形作ることができなくなる。

こうした困難を避けるために、いくつかの奇抜なモデルが考案された。1904 年、長岡半太郎は、多数の電子が正電荷の周囲に土星の輪に似たリングを形成するという土星モデルを提唱

した（長岡は、原子内部に何千個もの電子が存在すると考えていたが、1913年になって、電子の個数はかなり少なく、水素原子には電子が1個しかないことが判明する）。リングが回転しても電荷分布は変わらないので、電磁波の放出は起こらない。この状態で遠心力と電子・正電荷間の引力が釣り合えば、安定した状態を実現できると期待されたのである。しかし、実際には、構成要素間に微小な引力が作用する土星のリングとは異なって電子同士の反発力が強く、リングはわずかに歪んだだけでバランスが崩れて壊れてしまう。

　学界で支持を集めたのは、長岡のモデルと同じく1904年に発表されたJ.J.トムソンによるプラムプディングモデルである。これは、正電荷が原子全域に薄く拡がっており、その内部で電子が運動をするというものである。これならば、薄く拡がった正電荷が電子の負電荷を遮蔽するので、電磁波の放出による急激なエネルギー喪失は起こりにくい。

　しかし、1909年になって、トムソンのモデルを反証する実験結果が現れる。ラザフォードが、アルファ粒子（原子核のアルファ崩壊によって放出される粒子で、後にヘリウム4の原子核と判明）を金の薄膜に照射したところ、大半はほとんど向きを変えないまま素通りしていき、一部のアルファ粒子だけが大きく向きを逸らされたのである。この結果を数学的に解析すると、原子内部はスカスカで質量の大半が狭い領域に集中しており、中心にある小さくて重い電荷のクーロン力によってアル

ファ粒子が散乱されたことがわかる。したがって、正電荷が原子全域に拡がっているとするトムソンのアイデアは誤りであり、原子は、原子質量の大半を担う小さな（後に得られた知見によれば、イオン半径の1万分の1程度の）原子核と、その周囲に存在する軽い電子から構成されると考えざるを得ない。

　古典論に則った議論は、ここで頓挫する。ニュートン力学とマクスウェル電磁気学を信じるならば、原子核の周囲で電子が動き回ると電磁波が放出され、エネルギーを失った電子は原子核に落ち込んで合体してしまう。正電荷と負電荷が合体して電気的に中性になると、クーロン力によって原子核同士の間隔を保つことができず、固体としての形状は維持できない。そうならないためには、電子が原子核から離れた地点で安定した状態を保つことが必要になるが、ニュートンやマクスウェルによる古典論の範囲で、こうした安定状態を実現することは、ほぼ不可能である。それでは、どのような理論を古典論の代わりにすべきだろうか？

量子仮説の登場

　ラザフォードの実験結果によって原子の安定性に関する議論が混迷する以前から、エネルギーが離散的な値を取るという奇妙な仮説が物理学界を席巻していた。その主要なものを、以下に列挙しておこう。

(1) **プランクの量子仮説（1900）**：加熱された物体が熱放射として電磁波を放出する際、物質と電磁場の間でやり取りされるエネルギーが、振動数 ν にプランク定数 h を掛けた量の整数倍 $nh\nu$ に限られるとする仮説。プランクは、後の論文で、こうしたエネルギーの制限が、原子内部に存在する振動子（おもりを取り付けたバネのように、平衡点の周りで振動するもの）の性質に起因すると（誤って）推測している。

(2) **アインシュタインの光量子仮説（1905）**：プランクのアイデアを電磁場に適用し、振動数 ν の電磁波（光）が、$h\nu$ というエネルギー量子（エネルギーの"塊"）の集まりのように振る舞うとする仮説。エネルギー量子を粒子と見なせば、後に光子と呼ばれることになる電磁場の素粒子に相当する。実は、この仮説は、長らく誤った主張だと見なされていた。1916年にミリカンが光電効果の精密実験を行い、アインシュタインの予測と一致する結果を得て、漸く学界で認められた。

(3) **アインシュタインの比熱の理論（1907）**：プランクのアイデアを結晶格子に適用し、振動数 ν で格子振動を行う際のエネルギーが $h\nu$ の整数倍になると仮定する理論。これにより、自然界における最低温度である絶対零度に近づくにつれて固体の比熱が0に漸近する理由が説明される。

ここで興味深いのは、アインシュタインに見られる発想の柔軟さである。彼は、エネルギーが $h\nu$ を単位とする形に制限されるのが原子固有の性質ではなく、電磁場にせよ結晶にせよ、振動するもので一般的に成り立つ性質だと（正しく）洞察した。アインシュタインの主張は、原子スケールでの現象に関して、エネルギーの連続性を含意するニュートン力学やマクスウェル電磁気学が通用せず、それらに代わる新しい理論が必要になることを意味する。

　量子仮説と直接の関係はないが、（1）〜（3）以外にも、エネルギーの制限を示唆する現象が発見された。

(4) リュードベリの公式（1890）：水素原子が放出・吸収する
電磁波の振動数に関しては、まず、バルマーが4つの振動数の間の簡単な関係式を見いだし、次いでリュードベリが他の原子を含む一般的な公式を提案した。それによると、水素原子で放出・吸収されるさまざまな電磁波の振動数 ν は、いずれも次式で与えられる。

$$\nu = 3.3 \times 10^{15} \times \left(\frac{1}{n^2} - \frac{1}{m^2} \right) [\text{Hz}]$$

ただし、n と m は整数で、バルマーが見いだしたのは、$n=2$、$m=3,4,5,6$ と置いた4つの場合に当たる。

　リュードベリの公式だけでは、原子のスペクトルに見られる

不思議な法則性としか言いようがない。だが、ここに現れる整数 n, m が原子の状態を指定するものだと考えると、原子の不可解な安定性と密接な関係があることが推測される。原子が不安定になる原因は、電子の運動に伴って電磁波が持続的に放射され、エネルギーが少しずつ失われていくことにある。もし、リュードベリの公式が示唆するように、原子が整数 n の状態から整数 m の状態に"遷移"し、それに伴って、2つの状態の差によって決まる振動数の電磁波が放射されるのならば、電磁波の放射が制限され原子が安定化される可能性が出てくる。

そこで問題となるのは、原子の状態が整数で指定されるような理論を構築することである。こうした理論として最初に成功を収めたのが、ボーアの原子模型（1913）である。現在の観点から見ると、この模型は多くの誤りを含んでいるが、歴史的な重要性を鑑みて、ここで紹介することにしよう。

ボーアの原子模型

量子仮説を原子に適用してその構造を解明しようと試みた物理学者は、ボーア以前にも、プランクをはじめとして何人かいたが、いずれもうまくいかなかった。彼らは、原子内部で電子が振動していると仮定し、プランクの式を直接当てはめようとして失敗したのである。

これに対して、ボーアは、電子が原子核からのクーロン力に

よって楕円軌道を描くものと仮定した（円ではなく楕円軌道にしたのは、分子結合を考える際に利用できるからである）。マクスウェル電磁気学によれば、このとき電磁波が放出されて電子の軌道が変化するはずだが、ボーアは、「遷移（＝電磁波の放出による状態変化）は力学では扱えない」と天下り的に仮定し、クーロン力のみが作用するものとして電子の楕円運動を考えた。さらに、量子仮説とのアナロジーをもとに、このときの電子の運動エネルギーが、電子の公転振動数（公転周期の逆数）f とプランク定数 h の積 hf の整数倍になると置こうとしたが、運動方程式を立てて運動エネルギーを求め、プランク定数や電子の質量などの数値を代入して計算すると、実験値と合わない（彼の研究ノートには、実際に数値計算をした結果が残されている）。そこで、やや恣意的に係数 $1/2$ を付け、運動エネルギーが、整数 n を使って $nhf/2$ になるという条件式を採用した。後に、プランク定数 h と整数を使って運動を制限する条件式は「**量子条件**」、整数は「**量子数**」と呼ばれるようになるので、以下では、この用語を先取りして使用する。この量子条件の下で運動方程式を解くと、水素原子が持つエネルギー（運動エネルギーとポテンシャルエネルギーの和）E の絶対値が、$1/n^2$ に比例するという結果を得る。そこで、量子数が n の状態から m の状態に遷移する場合を考え、2つの状態の間のエネルギーの差が ΔE のとき、プランクの式 $\Delta E = h\nu$ で与えられる振動数 ν の電磁波が放射されると仮定すれば、係数

の値も含めて、リュードベリの公式に一致する結果が導けることを示した（ボーアは、光量子仮説を採用していない）。

　正直な話、ボーアのオリジナルな議論は、量子仮説に似た式をパッチワークのようにつなぎ合わせて実験データと一致するようにしただけであり、幸運な偶然によってリュードベリの公式を導けたとしか思えない。

　ボーアは、論文の後半で、自分の採用した条件式が、「電子が持つ角運動量がプランク定数 h を 2π で割ったものの整数倍に等しい」という量子条件と同等であることを示した。この条件の方が、後で示すド・ブロイの議論と結びつけやすいので、量子論の入門書などで歴史を通観する場合、こちらを紹介するのが一般的である。

　ボーアの理論は、「原子はなぜ安定か？」という問いに答えるものではない。「電子が原子核の周りを公転しているのに、電磁波は放射されない」という古典論の範囲では理解しようのない仮定を採用することで、原子が安定であることを追認しただけである。電子が楕円軌道のような一定の軌道を描くという仮定や、ニュートンの運動方程式を適用する点も、正当化できない論法である。しかし、プランクの量子仮説と似た式を採用すればリュードベリの公式が導けるという事実は、「理由は良くわからないものの、なぜかエネルギーが制限された値になる」という量子論の考え方が、原子の謎を解明するための鍵になることを示唆する。ボーア理論の成功は、量子論をより強固な論

拠を用いて体系化しようとする動きに拍車を掛けた。

　こうした体系化の動きは、2つの方向で進められる。1つは、ボーアのつぎはぎだらけの議論を形式的に整備する方向である。ボーアは、電子が特定の軌道を描いて運動し、この運動に関してはニュートンの運動方程式が使えると仮定した。しかし、量子条件はニュートン力学とは全く異質の仮定であり、運動方程式と混在させるのは不合理である。また、特定の軌道を描くとする一方で、量子数が異なる軌道に遷移する際には、いきなり飛び移るかのように扱っており、議論に一貫性がない。こうした問題を解消するため、形式的な整備を進めた研究者たちは、**粒子の軌道という概念を使わず、量子数で指定される状態だけを扱う**手法を案出した。この手法に基づき、「量子数 n の状態から m の状態へと変化する遷移はどのような確率で起きるか」といった形式的な議論を積み重ねていくのが、ハイゼンベルクらによる**行列力学**である。具体的なダイナミクス（物理的な実体の時間的な変化を記述する動力学）を想定せず、状態間の関係を数式で与えるものなので、その内容は抽象的でわかりにくい。

　もう1つの方向は、原子が安定になる理由をダイナミクスに基づいて説明しようとするもので、具体的には、**定在波が形成されることで安定化される**という主張になる。この方向で体系化されたのが、シュレディンガーによる**波動力学**である。波動力学は、何が起きているかを具体的にイメージできるので、直

観的に理解しやすく使い勝手も良い。しかし、波動力学の手法は行列力学の研究者から厳しい批判を浴びせられ、シュレディンガーの議論に致命的とも思える欠陥（その中身は本章の後半で、救う方法がないかどうかは第4章で解説する）が見いだされたことから、行列力学の論法が普及することになった。波動力学を水素原子のような具体的な対象に適用すると、行列力学と同等な結果を導くことができるので、便利な計算法として使い続けられるが、「安定した状態が実現されるのは、定在波が形成されたからだ」という説明はされなくなる。

　行列力学についての説明は次の第3章に回すことにして、本章の後半では、波動力学とはどのようなもので、行列力学の研究者が何を攻撃したかを説明したい。

物質波から波動関数へ

　シュレディンガーの波動力学を取り上げる前に、その前段階とも言えるド・ブロイの理論（1924）を紹介しておこう。

　光が波であると同時に粒子のように振る舞うというアインシュタインの光量子仮説に興味を覚えたド・ブロイは、博士研究で、その考え方を電子に応用する可能性を追求した。19世紀末以来、電子は、ニュートンの運動方程式に従う粒子として扱われていたが、ボーアの原子模型では、エネルギーの値が制限されるなど、単純な粒子ではないことが示唆された。ド・ブ

ロイは、こうした状況を勘案して、電子も光と同じように、粒子であると同時に波—**物質波**—として振る舞うのではないかと、考えを進めたわけである。

相対論によれば、粒子が持つ「エネルギーと運動量」、波動が持つ「振動数と波数（波長の逆数）」は、いずれも、「時間的な量と空間的な量」としてワンセットで扱われる。したがって、電子も波として振る舞い、そのエネルギーが振動数の h 倍に等しいならば、エネルギーとワンセットになる運動量 p は波数 k の h 倍に等しく、$p = hk$ となるはずである。これをド・ブロイの関係式という。100ボルトの電圧で加速した電子の運動量をニュートン力学によって計算し、これとド・ブロイの関係式を併せると、電子の波長が原子の大きさとほぼ同程度になることがわかる。このような波長を持つ波は、原子レベルの現象で干渉が観測されると予想される。実際、結晶格子によって電子ビームが光のように回折されることは、ド・ブロイの論文が発表された3年後に実験で確認された。

ド・ブロイの物質波の理論が興味深いのは、ボーアの理論に対して、直観的に理解可能な解釈を与える点である。ボーアが与えた量子条件は、こうした関係式があると天下り的に導入しただけで、物理的に何を意味しているか全くわからない。これに対して、ド・ブロイは、いかにも素人っぽい議論ながら、具体的なイメージと結びつけた。ボーアが論文の後半で主張した角運動量の議論によれば、電子が水素原子核の周りで円軌道を

描く場合、電子の質量、速度、軌道半径の積が h を 2π で割ったものの整数倍とされる。ところが、質量と速度の積は運動量であり、ド・ブロイの議論によれば運動量は波長の逆数を h 倍したものなのである。したがって、2つの議論を併せると、軌道半径の 2π 倍、すなわち、軌道となる円周の長さが波長の整数倍に等しいという関係式となる（**図 2-1** に記した式を参照）。電子の波が円軌道上を一周したとき、位相がずれていると自分で自分を打ち消してしまうが、円周の長さが波長の整数倍ならば、一周後には同じ位相になるので波が持続する―ド・ブロイはそう解釈した。

図 2-1　ボーアとド・ブロイの水素原子モデル

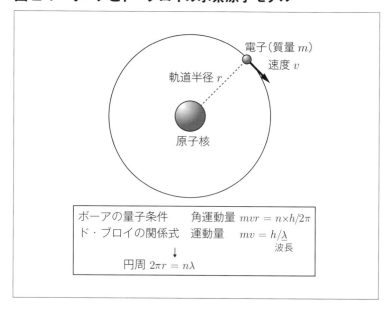

ド・ブロイによる物質波の解釈は、素朴で面白いものの、物理学的ではない。彼自身、きちんと理解できていたわけではなく、時に「電子に波が付随する」と言ってみたり、「電子の内側に何らかの振動過程がある」と説明したりするなど、論旨に一貫性がなく内容も曖昧である。博士論文として出版されたものの、そのまま誰に顧みられることもなく忘れ去られてもおかしくなかった。しかし、ここで幸運が味方する。論文の内容を理解できなかった指導教官から意見を求められたアインシュタインが物質波のアイデアに興味を持ち、自分の論文でド・ブロイの仕事に言及したのである。この言及を通じてド・ブロイを知ったシュレディンガーは、物質波の考え方を徹底的に咀嚼し、自分なりの理論として作り替えることができた。

　シュレディンガーは、原子物理学の専門家ではなく、科学全般に興味を持つジェネラリストだったが、その広範な知識が役立つ。彼は、「電子に付随して原子核の周りを回る波」というド・ブロイの曖昧なイメージを捨て、この波を、原子核の周囲に形成される定在波と解釈し直した。この再解釈によって、電子の軌道という概念は完全に姿を消し、原子全体にわたって波が拡がっているという描像が得られる。その上で、ド・ブロイの関係式を満たすような定在波を形成する方程式を逆に求めることで、有名なシュレディンガー方程式に到達したのである（1926）。

　電子が1個しかない水素原子の場合、中心に原子核（水素の場合は1個の陽子）が固定されており、その周囲にマクスウェ

ル電磁気学に従う静電場が存在するという前提の下で、電子に関するシュレディンガー方程式を解くことができる。方程式の解は波動関数と呼ばれ、その形を決定するためには、ボーアの原子模型のように1つではなく、3つの量子数——主量子数 n、方位量子数 l、磁気量子数 m——が必要とされる。原子のエネルギーは主量子数 n によって決定され、その値は、ボーアが与えたのと同じ形の式——$-1/n^2$ にプランク定数などを使って表される係数が付いたもの——になる。

エネルギーと量子数の関係などでシュレディンガーの波動力学はボーアの原子模型と同じ結果を与えるが、考え方は全く異なっている。ボーアの理論では、量子数は量子条件という形で頭ごなしに導入されており、理論の中になぜ整数が現れるのか、何の説明もない。これに対して、シュレディンガーの議論では、微分方程式の解がどうあるべきかという観点から、自然に整数が導入される。

水素原子に関して、原子核を中心とする極座標を**図2-2**のように与えたとき、角度 φ 方向の波動関数がどうなるかを見てみよう。シュレディンガー方程式の解になるためには、波動関数の φ に依存する部分は、三角関数でなければならないことが導かれる（正確に言えば、指数部が純虚数の指数関数になるが、ここでは実部のみを考える）。

$\sin(a\varphi + b)$　（a, b は任意の定数）

図 2-2　3次元の極座標

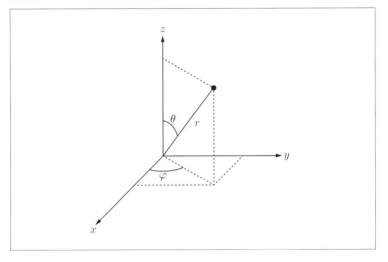

　ただし、a が勝手な値を取ると、φ が原点の周りを1周して元に戻ったときに、前と同じ値にならない。つまり、同じ地点で波動関数の値が1つに限られるためには、a が整数となる必要がある。この整数が、磁気量子数 m である。「波動関数が一意的に定まる（1価関数になる）」という条件を、「自分自身を打ち消さない」というド・ブロイの不明瞭な主張と比較すると、シュレディンガーの議論がいかに明快であるかが実感されるだろう。波動関数全体には、原子のエネルギーが E のとき振動数 $\nu = E/h$ で振動する因子が掛かるので、φ 方向の波は、ド・ブロイが考えた進行波ではなく、どこにも進んでいかずにその場で振動を繰り返す定在波となる。

　ボーアの原子模型を1つの量子数 $n\,(n=1,2,3\cdots)$ によっ

てエネルギーが決定される状態だと解釈すると、シュレディンガー方程式の解で、主量子数が n、方位量子数と磁気量子数が $n-1$ となる特殊解に相当する。ボーアの考えとは異なり、シュレディンガーの議論に電子の軌道という概念は含まれておらず、中心からの距離がどんな値であっても、角度 φ の変化に対する波形は等しくなる。また、φ 方向の波の個数に相当する磁気量子数の値がド・ブロイのものと1だけずれているが、これは、電子に付随する進行波を想定するド・ブロイの議論では波の個数が1以上の場合を考えるのに対して、シュレディンガーの解には $n-1$ が0になる（波形が角度 φ に依存しない）ケースが含まれるためである。

　一般的な波動関数がどうなるかは量子論の本格的な教科書に任せるとして、ここでは、$n=3$、$l=m=2$ のときの波動関数（原子物理の知識のある読者ならば、$3d_{x^2-y^2}$ 軌道と言った方がわかりやすいだろう）について、中心からの距離 r に応じて振幅がどのように変わるかを図示しておく（**図 2-3**）。図 2-3（1）は、xy 平面上（図 2-2 の座標系を見よ）の波動関数が定在波としてどのように振動するかを表しており、影の付けた部分の変位が正のときは白い部分が負になる。また、図 2-3（2）は、x 軸上の振幅を表す。こうした振動の様子は、第1章図 1-6 で示した円形膜の振動における定在波とそっくりなことがわかるだろう。水素原子の場合は、円形膜のような固定枠がないので、振幅は中心から離れるにつれてゼロに漸近する。

図 2-3 水素原子の波動関数の例

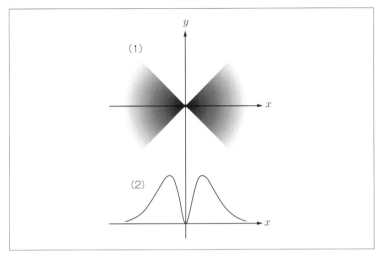

波動一元論の破綻

　シュレディンガーは、波動関数が単に原子の状態を表すだけでなく、あらゆる物理現象の実体だとする波動一元論を提唱した。こうした見方は直観的に理解しやすく、形式的すぎて難解なハイゼンベルクらの行列力学に辟易していた物理学者たちにいったんは受け容れられる。しかし、まもなく深刻な問題が明らかになり、シュレディンガー流の波動一元論は撤回を余儀なくされた。

　ド・ブロイは、電子に波が付随しているとか、電子内部に振動現象があるとかいろいろと述べたが、結局のところ、どう考

えて良いかわからなかったというのが実状である。これに対して、シュレディンガーは、粒子は存在せず全ては波動だという立場を採った。電子が粒子のように見えるのは、**図2-4** のように一箇所に波が集中しているからだという考えである。彼は、波動関数が従う方程式の解に、実際にそのような振る舞いをするものがあることを根拠に、自分の主張を正当化しようとした。

しかし、この議論に対しては、すぐに批判が加えられる。ハイゼンベルクは、シュレディンガーが示した「一箇所に集中する波」は、実際には、特殊な相互作用を仮定したときの解でしかなく、それ以外のほぼ全ての場合で、波が崩れて拡がってしまうことを示した。これは、きわめて当然の帰結である。シュレディンガー方程式は、振動が伝播するふつうの波の方程式であり、孤立した波の形が維持されるような性質はない。波動力学は、原子内部において安定状態が実現される理由を説明し、そのエネルギーを正しく求めることができたが、原子から飛び出た電子が示す粒子性を導くことができなかった。

図2-4　粒子のように振る舞う波

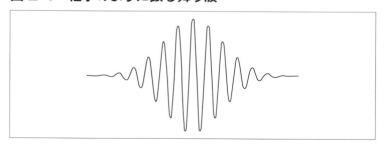

波動関数とは何か

　後知恵を用いて説明すれば、シュレディンガーの議論は、場から粒子のように振る舞うものが生まれるという「場の量子論」にはなっておらず、「粒子の量子論」の段階に留まっていた。彼が用いたのは、場の状態を表す「場の波動関数」ではなく、粒子がどこにいるかを表す「粒子の波動関数」だったため、この波動関数が1箇所に集中して粒子のように見えるという議論には、根本的な無理がある。ハイゼンベルクの批判は、まさに、この点を突いたのである。

　場とは、物理現象の担い手として空間全域に存在するもので、電磁場が最も良く知られた場の例である。光（電磁波）は、電場・磁場の振動が波として伝播する過程である。シュレディンガーは、ド・ブロイの物質波を、物質の場における振動が波として伝わる現象と解釈し、この観点から理論を構築しようとした。しかし間もなく、彼は、波動関数を物質場の状態と解釈することが困難な事例に気がつく。

　電子が1個のときの波動関数を、$\Psi(\boldsymbol{x})$ と表すことにしよう（$\boldsymbol{x}$ だけで x, y, z の3つの座標を表すものとし、話を簡単にするため、時間には依存しないと仮定する）。この関数形だけ見れば、$\boldsymbol{x}$ という場所における物質場の状態を表すように思える。ところが、ヘリウム原子のように電子が2個の場合を

扱おうとすると、それぞれの電子の位置座標を x, X として、$\Psi(x, X)$ という2変数関数——それぞれ3つの成分を持つので、変数空間は6次元になる——を使わなければならないのである。$\Psi(x)$ が物質場の状態を表すのならば、この関数が2箇所に孤立した波を作ることによって2電子の状態を表せると期待されるが、そうはなっていなかった。シュレディンガーが最終的に波動一元論を撤回するに至ったのは、1変数の波動関数 $\Psi(x)$ で複数の電子を扱えなかったからである。

　その後、ボルンをはじめとする何人かの物理学者が、波動関数 $\Psi(x)$ は、x という場所の状態を表す関数ではなく、電子が x という位置にある確率振幅（絶対値の2乗が、すぐ後で説明する確率密度となる量）を表す関数だという見方を提唱し、シュレディンガーも、しぶしぶそれに従うようになる。この解釈によれば、2個の電子に関する2変数の波動関数 $\Psi(x, X)$ は、一方の電子が位置 x に、他方の電子が位置 X に存在する確率振幅を表すことになる。

台風の確率予報と波動関数

　確率を表す関数というのがわかりにくいと思われるので、例を使って説明しよう。

　気象庁では、台風の進路予想を発表するが、そこで使われるのが予報円である（図2-5）。ある時点での予報円は、台風が

その内側にいる確率が約70%であることを示す。現在の技術では、精密な予報は困難であり、時間が経つにつれて予報円は大きくなっていくが、これは、円内部のどこかの地点に台風がいる確率密度（単位面積当たりの確率）が小さくなることを意味する。将来、台風の進路についての予報技術が向上すれば、全ての場所で台風が到達する確率密度が計算できるようになるだろう（台風のような気象現象はカオス的な振る舞いをするので、どんなに技術が向上しても、確率でしか予報できない）。こうした計算結果が、台風が座標 x の地点に存在する確率密度を表す関数 $\Psi(x)$ となる。

　それでは、台風が2つある場合はどうなるだろうか？　現在の予報では、2つの台風について独立に進路予想をしているよ

図2-5　台風の予報円

うだが、実際の台風の場合、2つの台風が接近すると互いに影響を及ぼしあって、単独のときとは強さや進路が変化する（気象学では「藤原の効果」と呼ばれる）。このため、位置座標が x と X で表される2つの台風が存在するときの確率を表す関数は、単独のときの関数形とは異なる関数 $\Psi(x, X)$ となるはずである。

このように見ると、シュレディンガーの波動関数は、（確率振幅か確率密度かの違いを別にすると）台風がどこにいるかを表す関数と良く似ていることがわかる。波動関数が場の状態ではなく粒子の位置に関するものだというボルンらの批判は的を射たものであり、シュレディンガーが折れざるを得なかったのは当然である。

シュレディンガーの洞察を生かす道

ただし、波動関数が場の状態と無関係だとも言い切れない。台風の予報は、あたかも物体であるかのように移動する台風の位置を表すものだが、その背後には、地表に遍く存在しあらゆる気象現象を生み出す大気がある。台風の予報の中には、間接的に大気に関する情報が含まれている。同じように、シュレディンガーの波動関数も、電子という粒子の位置を表すものではあっても、その背後に電子を生み出す場の状態があり、波動関数にその情報が含まれると考えることは無理ではない。シュレ

ディンガーは、やや勇み足気味に、自分の考案した波動関数で全ての物理現象が表されると考えたが、たとえ、そのアイデア自体が否定されたとしても、定在波を使って原子の状態を導き出した天才的な洞察は、何らかの形で生かすことができないだろうか？

　しかし、そうした議論をする前に、シュレディンガーを批判したハイゼンベルクらが、波動一元論に代わる正当な世界観を提示し得たかどうかを検証する必要がある。もし、リアルな波について言及することのないハイゼンベルクらの方法論が全面的に正当であるならば、シュレディンガー流の波動一元論はもとより、その背後にある場に関する理論を模索する必要もないはずである。果たして、ハイゼンベルクの見解は、正当なものと言えるのだろうか？

第3章 相補性の落とし穴

シュレディンガーの論文に先立つ1925年に、ゲッティンゲン大学のボルンを中心に、ハイゼンベルク、ヨルダン、パウリらによって構築された行列力学は、波動力学とは正反対と言っても良い方法論に基づいていた。彼らは、古典論で用いられた概念を安易に導入することを避け、実験・観測によって裏付けられる確実な地点に戻ってから、現象を記述する式を積み上げていく道を選んだ。おそらく、当時の物理学者たちにとって、原子内部で何が起きているか、どうしてもイメージできないというのが、切実な思いだったに相違ない。この段階で、「自然界はこうなっているはずだ」という観念的な発想に基づいて理論を構築しようとしても、うまくいくはずがない。そこで、行列力学の研究者は、物理的実在についてのイメージではなく、データによって有効性が確認された数式を頼りにしたのである。

　本章では、まず、行列力学が完成するまでの簡単な歴史を振り返り、その上で、行列力学の方法論について考察したい。

ゾンマーフェルトの量子条件

　行列力学を作り上げる際に、特に有用だったのが、ゾンマーフェルトの量子条件である。この式は、思いつきのように採用された「角運動量がプランク定数 h を 2π で割ったものの整数倍に等しい」というボーアの量子条件を、古典論と関連性のある一般的な形に改良したもので、ゾンマーフェルトによって

1916年に提案された（日本の石原純をはじめ、他に何人かの物理学者が同じ式に到達していた）。積分を使ってはいるが、複雑な式ではないので、参考のために掲げておこう。

$$\oint pdq = nh \tag{3.1}$$

粒子が特定の軌道に沿って周期的な運動を行うとき、運動量 p を位置 q で1周期にわたって積分した値（左辺）が、プランク定数 h の整数倍（右辺）になることを意味する。左辺は、ニュートン力学で断熱不変量として知られるもので、縦軸を運動量 p、横軸を位置 q とするグラフで粒子の軌道を描いた場合、グラフの下の部分の面積に相当する。粒子が半径 r の等速円運動をするとき、軌道に沿った運動量 mv は一定なので、q に対する p のグラフは次ページ図3-1（1）で表され、1周期分の面積は、$mv \times 2\pi r$ になる。これが nh に等しいと置くと、ボーアの量子条件と同じ式になる。

特に興味深いのは、調和振動子（フックの法則に従うバネにおもりを取り付けたシステム）のケースである。振動のエネルギーを E、振動数を ν とすると、1周期分の面積は E/ν になる（図3-1（2）に記した式を参照）。したがって、エネルギーが $h\nu$ の整数倍になるというプランクの量子仮説が導かれる。ゾンマーフェルトの量子条件によれば、調和振動子のエネルギーは、振動しているものが何であろうと、一般に振動数 ν とプランク定数 h の積の整数倍になることが示される。この

結果は、電磁場の振動（光量子）と結晶の格子振動の双方にプランクの量子仮説を適用したアインシュタインの考え方（第2章）を正当化するものである。

ゾンマーフェルトの量子条件は万能ではなく、電子が2個以上になる原子に適用しても、正確な結果を与えてくれない。しかし、水素原子に関しては、電子の運動が3次元的であることを考慮して (3.1) 式を3つの成分を持つように拡張すると、3つの量子数によって電子の軌道を分類することができ、後にシュレディンガーらが行った計算に近い正確さでエネルギー準位が求められる。こうしたことから、この量子条件は、かなり高い信頼性を持つ半経験的な法則と見なせる。

図 3-1　ゾンマーフェルトの量子条件

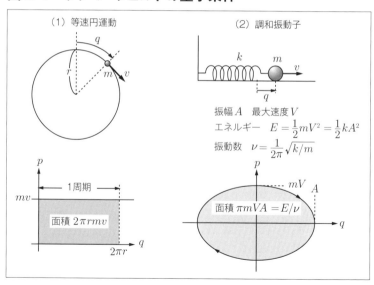

もっとも、ゾンマーフェルトの議論でも、「なぜ原子が安定なのか」という問いに答えたことにはならない。量子条件の中に量子数として整数 n が含まれており、電子が量子数 n で指定される離散的な軌道で運動する場合に、「なぜか」安定した周期運動になると主張されただけである。量子数 n を含むような条件式を前提とする限り、「なぜ」という問いに対する解答は得られないだろう。「電子が軌道に沿って周期的な運動をしているのに、電磁波が放射されない」という謎に対しては、電磁場との相互作用に関する理論ができていないので、答えの手がかりすら用意されていない。

　1910年代後半から20年代前半の原子物理学は、混迷の淵にあったと言って良い。当時の論文は、現代の知識を総動員しても、何をやろうとしているのかほとんど理解できない。そうした中で、ボルンを中心とする研究者グループは、新たな方法論を模索していた。

行列力学の誕生

　ボーアやゾンマーフェルトの議論は、原子物理学的な現象の背後に何らかの法則が存在することを示唆するが、その内容は、ニュートン力学を部分的に利用したつぎはぎだらけのもので、一貫性がない。そこで、ボルンやハイゼンベルクらがまず行ったのは、こうした議論から、一貫性を損なう要因を取り除くこ

とだった。「電子は安定した楕円軌道を描いて運動するが、時折、別の楕円軌道にジャンプする」と言ってみたところで、それが何を意味するか全く理解できない。そもそも、原子の内部で電子がどのように運動しているかを観測によって確かめることは、技術的に困難である。理論の体系化を阻害する元凶は、安定した軌道運動と突然のジャンプという異質な概念が混在していることのように思える。ならば、**「軌道を描いて運動する」という考え方そのものを排してしまおう**というのが、行列力学の出発点となる。

　ここで導きの糸となるのが、実験や観測によって得られるデータである。実験データに基づく半経験則であるリュードベリの公式（第2章）は、水素原子が量子数 n で指定される安定な状態を持つこと、その状態のエネルギーが n の逆2乗に定数を乗じたものであることを示す。この結果は実験によって裏付けられているので、原子の安定状態は、量子数 n で指定されるエネルギーの確定した状態だと仮定してもかまわないだろう。シュレディンガー流の発想ならば、これは「節の数が整数 n で与えられるよう定在波が形成された状態」となるのだが、ボルンらは、データの裏付けがない物理的実在を想定することを避け、「量子数 n で指定される」という以上の制限は付けなかった。

　もちろん、電子の軌道を考えず、量子数 n で指定される状態（状態 n と呼ぶことにしよう）を扱うだけでは、原子が不

安定にならない理由を説明したことにはならない。状態 n に関する量がどのような関係式を満たすかを明らかにし、その関係式を用いて原子の状態に関する理論を体系的に構築する必要がある。このため、ボルンらは、既知の理論やデータと関連づけることで、状態 n に関する関係式を見つけようと奮闘した。

　ニュートン力学やマクスウェル電磁気学の場合、物理量は、時間の関数としてはっきりした値を持つ。例えば、粒子の運動量 p は、ある時刻における粒子の速度と質量の積として、確定した値が与えられる。ところが、粒子が特定の軌道を描いて運動するという描像を排し、状態だけを考える立場では、時間の関数として位置や運動量などの物理量を定義することはできない。そこで、ボルンらは、状態が与えられたときの物理量を表す際に、状態を指定する量子数を添字として付けることにした。状態の遷移などについて計算する際には、2つの異なる状態にかかわる物理量を扱うので、添字は2つ必要となる。こうして、位置 q 、運動量 p をはじめ、さまざまな物理量が、2つの整数の添字がある量（ q_{nm}, p_{nm} など）として表される。量子論を勉強した人なら、ディラックによる次のブラ＝ケット記法を使った方がわかりやすいだろう。

$$q_{nm} \equiv \langle n|q|m \rangle$$

　整数の添字を2つ持つ表現が数学における行列と共通することから、ボルンらが考案した理論は、行列力学と呼ばれるよう

になる(きちんと言うと、1925年にハイゼンベルクが、2つの物理量の積を求める計算が行列同士のかけ算と同じ形式になることを見いだし、これをきっかけに行列力学という呼称が生まれた)。

　原子の安定状態 n は、時間が経過してもエネルギーが変化しない定常的な状態と見なされるので、状態 n での物理量、例えば、原子内部の電子の位置 q_{nn} は、時間によらない定数になる。ただし、位置の値が定数になるからといって、電子が静止しているとは考えられない。電子が軌道を描いて周期運動する古典論の場合、この状態での位置は、1周期にわたって電子の位置座標を平均した値として定義するのが順当である。ならば、軌道という概念を排し、実験・観測で裏付けられる量だけを扱う行列力学では、q_{nn} は、状態 n にある電子の位置を繰り返し測定したときの平均値、あるいは、統計的な期待値と見なすべきだろう。この考え方は、行列力学の体系化が完成した後で、量子論の標準的な解釈となる。

　物理量が満たす関係式を導く際に利用されたのが、「量子数のきわめて大きい極限では、量子論は古典論と一致する結果を与える」という経験則である。ボーアによって重要性が指摘されたこの経験則は**対応原理**と呼ばれ、理論を構築する際の指導原理となった。ボルンら行列力学の研究者は、観念的な議論を避け、実験データによって裏付けられた古典論の関係式を、対応原理に基づいて量子論の式に置き換える作業を積み重ねていた。

ハイゼンベルクは、そうした作業の一貫として、（電子が軌道を描いて運動することを前提とした半古典論の式である）ゾンマーフェルトの量子条件を取り上げた。量子数 n がきわめて大きい極限を考えると n と $n+1$ の差が相対的に小さく、n を連続量と見なせることを利用して、(3.1) 式の両辺を n で微分して整数 n が現れない関係式を求め、これを量子論の式に置き換えようとしたが、計算がひどく煩雑で、結局、すっきりした結論が得られないまま１編の論文を書き上げる。それを読んだボルンは、ハイゼンベルクが位置 q だけを用いて見通しの悪い結果しか得られなかった計算を、位置 q と運動量 p を使ってやり直したところ、次の式に到達したのである。

$$\sum_k (q_{nk}p_{kn} - p_{nk}q_{kn}) = \frac{ih}{2\pi}$$

　ただし、i は２乗すると−1になる虚数単位である。虚数単位が現れるのは、計算の途中でフーリエ変換（指数が純虚数の指数関数を乗じて積分する変換）を利用するからである（虚数単位が現れる点に関して、本章の後半で問題にする）。

　少し専門的になるが、物理量を行列ではなく演算子と見なす現代流の考え方に従えば、位置 q と運動量 p は非可換代数に従う演算子として定義され、さらに簡明な式が得られる。

$$qp - pq = \frac{ih}{2\pi} \tag{3.2}$$

(3.2) 式が位置と運動量の**交換関係**と呼ばれるもので、粒子の量子論における最も基礎的な式と見なす人が多い（本当に基礎的な式かどうかは、後で問題にする）。この式から、位置や座標の値が確定せず、それぞれの揺らぎの幅がある不等式を満たすという**不確定性関係**を導くことができる（不確定性関係に関しては、第 5 章で説明する）。交換関係の発見は、行列力学の構築において画期的な出来事であり、これによって理論の体系化が可能になっただけでなく、学問的な方法論が大きく変質し、その結果として、量子論がきわめて難解なものに変貌していく。

行列力学の体系化

交換関係 (3.2) で本質的なのは、ハイゼンベルクがそうしようと目論んだ通り、整数 n が現れない点である。ボーアやゾンマーフェルトの量子条件は、いずれも整数 n を含んでおり、n で指定される状態が安定になることを議論の前提としている。したがって、安定な状態がどんな法則に従うかを示すだけであって、「原子はなぜ安定か」という問いに答えるものではない。これに対して、整数を含まない交換関係は、この問いに答える契機となる可能性を秘めている。

ただし、交換関係だけでは、時間変化がどうなるかわからないため、具体的な計算を通じて原子の状態を構成することがで

きない。そこで、ボルンは、数学の得意なヨルダンと協力して、時間変化を表す方程式を導いた。このときに利用したのが、対応原理の拡張版である。もともとの対応原理は、量子数 n が大きい極限で量子論と古典論が一致するという主張だが、交換関係に基づく議論では、n を含まない形で量子論と古典論を結び付けなければならない。ボルンとヨルダンは、「古典論における解析力学の運動方程式で、位置や運動量を行列（現代流の定式化では演算子）に置き換えたものが、量子論でも成り立つ」という拡大解釈された形での対応原理を採用した。

偏微分を知っている人のために、ボルンとヨルダンが何をしたかを簡単に説明しておこう（偏微分を知らない人は、この節の最後の段落までとばしてかまわない）。解析力学とは、ニュートン力学を形式的に一般化したもので、エネルギーを位置 q と運動量 p の関数として $H(q,p)$ のように表すと、q と p の時間変化が次式で与えられる（H はハミルトニアンと呼ばれる）。

$$\frac{dq}{dt} = \frac{\partial H(q,p)}{\partial p}, \quad \frac{dp}{dt} = -\frac{\partial H(q,p)}{\partial q} \tag{3.3}$$

∂ は偏微分を表す記号で、複数の変数（ここでは q と p）があるとき、他の変数を固定して、1つの変数だけが動くとしたときの微分を意味する。質量 m の粒子が力の作用しない空間を自由に運動する場合、エネルギーは、運動エネルギーだけになるので、

$$H = \frac{p^2}{2m}$$

と表される。このとき、H を p で偏微分すると p/m、q で偏微分すると 0 になるので、(3.3) 式から次式が得られる。

$$\frac{dq}{dt} = \frac{p}{m}, \quad \frac{dp}{dt} = 0$$

第 1 式は、運動量が質量と速度の積になることを、第 2 式は、運動量が時間とともに変化しないことを表す式なので、加速度が 0 になるという自由粒子の運動方程式に等しい。

拡張された対応原理を用いて、(3.3) 式の q と p を行列（あるいは、演算子）に置き換えたいのだが、行列（演算子）による微分は定義が難しい。しかし、H が q や p の多項式の場合は、微分はその次数を 1 つ減らすことに相当するので、交換関係 (3.2) をうまく使えば、q や p の微分と同じ結果をもたらすことができる。例えば、p の 2 次式を 1 次式にするには、次のように、q を左から掛けた式と右から掛けた式の差を取って、(3.2) 式の交換関係を当てはめれば良い。

$$qp^2 - p^2 q = (qp - pq)p + p(qp - pq) = \frac{ih}{\pi} p$$

この式（および、同じように、p を左右から掛けて差を取った式）より、自由粒子の場合、(3.3) 式に対応する量子論的な式は、次のようになる。

$$\frac{dq}{dt} = \frac{2\pi}{ih}(qH - Hq), \quad \frac{dp}{dt} = \frac{2\pi}{ih}(pH - Hp) \tag{3.4}$$

　自由粒子に限らず、H が q や p の多項式の場合に（3.4）式が解析力学の運動方程式と同じ形になることは、比較的簡単に証明できる。多項式でなくても級数展開できる関数ならば、やはり証明は容易である。したがって、対応原理を認めるならば、（3.4）式を行列力学の運動方程式と見なしてかまわない。ただし、q や p は状態を指定して初めて値を持つ行列（演算子）なので、この式に従って粒子が運動するという意味での運動方程式ではない。

　（3.4）式は、拡張された対応原理によって古典論から導いたものだが、ひとたびこの式に到達すれば、もはや古典論に立ち戻る必要はない。（3.4）式が量子論の基本法則だと主張し、交換関係（3.2）と併せて体系を作り上げれば良い。具体的なケースに応用するには、古典論と類比的にエネルギー関数 H の関数形を定め、その H を使って運動方程式（3.4）を解くことになる。ボルンとヨルダンは、調和振動子の方程式を実際に解いて、エネルギーの値が、プランクの量子仮説における n を $n+1/2$ に置き換えた値になることを導いた。ズレとなる $+1/2$ の項は、後に零点エネルギーと命名される。水素原子の計算は 1926 年にパウリによって遂行され、エネルギーの値が、従前の半経験的な理論と同じ結果になることが示された。「原子が安定なのは、エネルギーに最低準位が存在するからだ」

という理由付けが、量子論だけを使って導けたわけである。

　ボルンらの行列力学とシュレディンガーの波動力学は、全く異なる方法論に基づいて構築された。ところが、その後の研究を通じて、エネルギーなどの物理量を測定したときどんな値が得られるかという予測に関して、両者は同じ結果を与えることが示された。両者が用いる数式は、簡単な方法で相互に変換できるのである。ただし、用いる数式が数学的に同等だと言っても、基本的な考え方や方法論は大幅に異なっており、ほとんど相容れない。現在では、行列力学に由来する方法論が広く採用されているが、リアルな波動を想定するシュレディンガーの方法論より正当と言えるのか、もう少し考えてみる必要がある。

行列力学における方法論の変質

　ボルンらが行列力学を研究し始めた段階では、ボーアやゾンマーフェルトによるつぎはぎだらけの議論を改めて一貫性を与えることが、主たる目的だった。この目的を達成するため、原子が量子数 n によって決まるエネルギーを持つときには、電子の軌道を特定せずに１つの状態と見なすことを議論の出発点とした。**行列力学の基本方針は、物理的な実体のダイナミカルな変動を追求するのではなく、有効性が実証された関係式をもとに、状態が移り変わるときの規則性を見いだすことだと言って良いだろう。**ところが、この方法論に従い、実験的に有効性

が確かめられているゾンマーフェルトの量子条件を、対応原理を使って量子論の式に置き換えたところ、交換関係（3.2）というきわめて簡明な式に到達することができたのである。おそらく、（温厚なボルンはともかく）ハイゼンベルクら若手研究者は、「自分たちは自然界の根源的な法則を発見した」と興奮し、それまで苦労して行った煩雑な計算が学界で受け容れられなかった鬱憤を晴らそうと、アグレッシブな気持ちになったに相違ない。その思いが強すぎるあまり、自分たちの方法論を絶対視し、シュレディンガーら対立する陣営に対して過剰なまでに激しく反論することになったのかもしれない。

行列力学がダイナミカルな変動ではなく状態間の遷移規則を記述する理論であることは、観測によって状態が変化するケースを見ると、はっきりする。例えば、原子が一定のエネルギーを持つ状態 n にあるときに、原子内部の電子の位置を測定し、位置座標の値が Q となる地点に存在するという結果が得られたとする。このとき、観測機器が電子に作用を及ぼすことで、エネルギーが確定した状態 n から、位置が Q に確定した状態（状態 Q と呼ぼう）へ変化したと考えられる。ならば、測定する直前の電子は Q の近傍にいたと考えたくなるが、行列力学の方法論では、そうした実体の記述は許されておらず、測定を契機として状態 n から状態 Q に突然の変化——いわゆる状態の"**収縮**（collapse; グシャッと潰れる感じ）"——をしたとしか言えない。測定結果が Q になる確率は状態間の遷移規則とし

て求められても、状態がどのように変わってきたかというダイナミカルな変動過程は、明らかにされないのである。こうした方法論を絶対視すると、「変動過程を記述しない」という禁欲的な立場にとどまらず、「変動過程は原理的に記述できない」とする過激な主張が生まれる。

　行列力学の方法論は、単に禁欲的なのではない。「電子は粒子である」という必ずしも自明でない主張は、さしたる議論なしに受け容れている。電子が粒子であることは、「電場・磁場を加えたときの陰極線の振る舞いが、ローレンツ力が作用する荷電粒子の動きと同じになる」という実験データによって実証されるので、行列理論の方法論からすると、容認してかまわないのかもしれない。しかし、「粒子のように振る舞う別の何か」という可能性を顧慮せず、粒子であることを前提として位置 q と運動量 p を基本的な物理量と見なし、q と p が従う交換関係を理論の出発点としたため、「粒子なのに位置や運動量が確定しない」という、量子論を学び始めた者が最初に躓く不可解な主張になった。ハイゼンベルクは、思考実験をもとに、こうした状況を直観的に理解できるような解説を試みたが、後に、彼の思考実験はさまざまな難点を抱えていることが指摘される（電子が本当に粒子かどうかは次の第 4 章で、ハイゼンベルクの思考実験の妥当性については第 5 章で論じる）。

交換関係は原理か

　行列力学の研究者たちが初期の論文（特に、1926年のボルン・ヨルダン・ハイゼンベルクの連名論文）で示したのは、交換関係を出発点に据えることで、量子論の体系が構築できるという見通しである。この見通しに基づき、1928年から32年に掛けて、物理学者のゾンマーフェルト、ボルンとヨルダン、ディラック、数学者のワイル、ノイマンらが、量子論の包括的な著述を上梓した。

　特に重要なのが、ノイマンが著した『量子力学の数学的基礎』（邦訳：みすず書房）である。ここで、量子論的な状態をヒルベルト空間（ある条件を満たす関数をベクトルと見なしたとき、その集合として表される空間）のベクトルとして表す手法が確立された。さらに、ノイマンは、物理量をベクトルに作用するエルミート演算子（自己共役性と呼ばれる性質を持つ演算子）として定義した上で、位置 q と運動量 p が満たす交換関係(3.2)から出発して、量子論のさまざまな関係式を数学的に演繹して見せた。この段階で、量子論の体系は事実上の完成に至る。

　物理学において、そこから具体的な法則が演繹される単純な式が見いだされたとき、これこそ自然界の原理を表す式だと考えたくなるのは、当然である。量子論の場合、ヒルベルト空間

と演算子に基づく枠組みの下では、交換関係が演算子の代数的な性質を決定するので、これを原理と見なすべきだと主張する人は多い。しかし、数学的な体系で交換関係が基礎になるからと言って、物理現象に関してもこれを議論の出発点とすべきかどうかは、自明ではない。むしろ、虚数単位 i が含まれることの不自然さに注目すべきではないだろうか。

複素数とは、数学の分野では、代数方程式が全て解を持つように、1つの成分しかない実数（1元数）を2つの実数の組で表される2元数に拡張したものだとされる。しかし、物理学者や技術者は、もっと単純に、複素数とは振動を表すのに便利な数だと考えている。このことは、複素数の演算を複素平面で見るとわかりやすい。

実数は、数直線上の点で表される（**図 3-2**（1））。実数の正負は、原点となる0に対して右か左かで表され、負数の乗算は、0に対する向きが反転されることを意味する。この結果、正数同士の積も負数同士の積も、0に対して常に右側になるため、方程式

$$x^2 = -1 \tag{3.5}$$

の解は、実数の範囲では存在しない。それでは、この方程式が解を持つようにするには、数の体系をどう変えれば良いのか？実数の範囲で解がない原因は、負数の乗算が「向きを反転する」という離散的な操作であることなのだから、これを連続的な操

作に置き換えることが解決策となる。そのためには、負数の乗算を、「向きの反転」ではなく、「180°の回転」と見なせば良い。そこで、実数を表す数直線を実軸、これに直交する軸を虚軸、2つの軸の交点を数直線の原点とする数平面を考える。この数平面上の点を、実軸成分と虚軸成分の2つを実部・虚部とする複素数と見なし、原点0までの距離を絶対値、0から見たときの実軸に対する角度を偏角と呼ぶ。ここで、2つの複素数の積を、積の絶対値は正の実数である絶対値同士の積として、積の偏角はそれぞれの偏角の和として定義する。こうすれば、負の実数は偏角180°の複素数なので、負の実数を掛けることは偏角に180°を加えることになり、実数の積と同じになる（図3-2(2)）。ここで、絶対値1、偏角90°の複素数をiで表すと、iの2乗は、定義によって絶対値1、偏角180°の数になるので、実軸上で定義される実数-1となる。したがって、iが方程式(3.5)の解であり、虚数単位と呼ばれる。

図3-2 負数の乗算

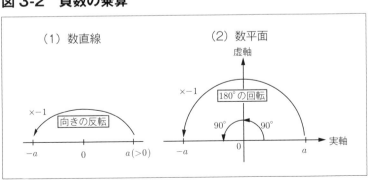

物理学では、θ を座標の関数として $\cos\theta$ で表される振動を扱うことが多い（θ が時間の1次関数の場合は、調和振動と呼ばれる）。ところが、数平面で見ると、$\cos\theta$ は、絶対値1、偏角 θ の複素数の実部に相当するので、この複素数を使えば、振動現象が数式で簡単に表されることになる。微分を知っている人のために、この複素数の具体的な形を求めてみよう。絶対値1、偏角 θ の複素数を偏角 θ の関数として $f(\theta)$ と表す。$f(\theta)$ を θ で微分した複素数 $f'(\theta)$ の偏角は、原点を中心とする単位円の接線から求められ、**図 3-3** に示されるように、$f(\theta)$ の偏角 θ に $90°$ を加えたものになる。また、$f'(\theta)$ の絶対値は、円弧の長さを θ で微分することに相当するので、1に等しい。したがって、$f'(\theta)$ は、$f(\theta)$ と絶対値が同じで偏角が $90°$ だけ大きな複素数になり、$f(\theta)$ に虚数単位 i を掛けたものに等しい。微分方程式の形で書くと、次のようになる。

$$f'(\theta) \equiv \frac{df}{d\theta} = if(\theta)$$

　導関数が元の関数の定数倍になるような関数は、実数では指数関数（ネイピア数 e のベキ関数）になるが、複素数でも同じように考えれば、この微分方程式の解は、指数に虚数単位 i が掛かった指数関数によって与えられる。また、$f(\theta)$ の実部と虚部の値から、オイラーの関係式も導ける。

$$f(\theta) = e^{i\theta} = \cos\theta + i\sin\theta \tag{3.6}$$

図3-3 絶対値1の複素数

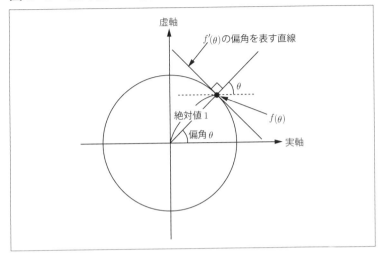

　偏角 θ を変えると単位円の円周上をグルグル回る関数が(3.6)式のような簡単な指数関数で与えられることが、複素数を利用する最大のメリットである。複素数の指数関数を使えば、加法定理の扱いが面倒な三角関数に比べて、遥かに簡単に振動を表すことができる。交流回路理論を勉強したことがある人は、複素数で表した電流・電圧・インピーダンスの関係式を用いる便利さを実感したことがあるだろう。物理量は実数なので、実際の電流や電圧を求めるには実部を取り出す必要があるが、位相のずれなどを考える際には、複素数のままで扱う方が計算しやすい。物理学で虚数を用いた式が現れると、ホーキングが宇宙の発生を考えるときに虚数時間を用いたせいもあって、何か深遠な意味があると錯覚する人がいるが、実際には、振動を扱

うのに都合が良いからにすぎない（余談になるが、理論物理学の歴史では、2元数である複素数にとどまらず、4元数を用いて電磁気学を、8元数を用いて超ひも理論を定式化しようとする試みがあったが、振動という単純な物理現象に対応させられる複素数とは異なるため、うまくいかなかった）。

　交換関係を自然界の原理と考えることは、そこに虚数単位 i が存在することの物理的な意味を不明瞭にする。交換関係を出発点とする立場からは、「なぜ i が現れるのか」を問うこと自体が許されないからである。行列力学の方法論を信奉する者は、それで良しとするかもしれない。しかし、こうした方法論が量子論を過剰にわかりにくくしているように思われる。虚数単位 i を含む交換関係は、その由来を説明できない原理なのではなく、根底にリアルな波動（位相が空間と時間の関数となる振動）が存在することを示す現象論的な式だと考えた方が納得しやすいのではないか。ただし、この波動は、シュレディンガーが想定した波動関数ではない。波動関数は、粒子の確率振幅を表すだけで、リアルな波動ではないからである。

相補性の落とし穴

　行列力学は、実験・観測で裏付けられる式だけを扱い、「自然はこうなっているはずだ」という思いこみを避ける方法論によって、交換関係という基礎的な式を見いだすことに成功した

が、交換関係を原理と見なすことでリアルな波のイメージまで排除した結果、ひどくわかりにくい主張になった。にもかかわらず、このわかりにくさを解消するようなモデル作りはほとんど行われず、逆に、わかりにくい方法論を正当化する一種の"哲学"が考案される。それが、相補性原理である。

相補性原理は、ボーアが考案したアイデアだとされるが、肝心のボーアが明確な説明をしておらず、ボーアの影響を受けた物理学者たち（ハイゼンベルク、パウリ、ヴァイツゼカーら）が語る相補性原理は、その内容が相互に微妙に異なっているため、「これが相補性原理だ」と断定的に示すことはできない。しかし、おおよそのアウトラインを推察するに、物理学的対象に関する統一的な理解は不可能であり、相反するように見えるいくつかの概念を状況に応じて使い分けながら解釈しなければならない——ということだと思われる。例えば、滑らかな関数で表される法則的な時間変化（(3.4) 式の運動方程式に従う物理量の変化、あるいは、これに数学的変換を施すことで導けるシュレディンガーの波動関数の変化）と、観測に伴う状態の"収縮"は、1つの理論には収まりきらない異質な内容に見えるのに、両者は相補的だとする思想の下で、同じ理論体系に組み込まれた。

相補性と少し似た考え方として、ドイツ観念論の代表的哲学者であるカントによる純粋理性のアンチノミー論がある。カントの主張によれば、人間による知的な思考は、経験によらない

先験的な悟性概念に規定されており、その結果として、必然的に矛盾に陥る場合がある。具体的には、空間は無限か有限かという問題について、どちらの前提を採用しても矛盾に陥るが、これは、空間に関する先験的な概念が物理世界の実態とは異なっているための認識論的な帰結であり、人間が悟性を用いて思考する限り、この矛盾を避けることはできない——というのが、カントの主張である。しかし、アインシュタインの一般相対論では、カントが先験的な空間概念として想定したユークリッド空間とは異なるリーマン空間を用いることで、直観ではなく数学に基づいて、有限か無限かという議論に結論を出せることが示された。アンチノミーは絶対的なものではなく、ユークリッド空間からリーマン空間へと思考様式を合理的に変更することで、回避できるのである。とすれば、滑らかな時間変化と突然の"収縮"といった状態変化にしても、両者を包括するようなアイデアを考案することで合理的に相補性を解消できる可能性もあるのではないか。

相補性の考え方が有用な分野もあるだろう。しかし、物理現象の基礎を探求している段階で相補性を原理として認め、「これは相補的な方法でしか解釈できない」と言い切ってしまうと、そこで思考停止状態になってしまう恐れがある。わかりにくさをそのままにして量子論を無理に理解しようとするよりも、もう少し具体的なイメージを作り上げた方が、研究を進める上でも量子論をツールとして使う上でも役に立つのではなかろうか。

実際、第1章でも述べたように、量子論をツールとして使う人たちは、行列力学の方法論などあまり気にせず、リアルなイメージに基づいて応用している。こうしたやり方に対して、交換関係を原理とし相補性の考え方を受け容れた人々——量子論原理主義者とでも言おうか——は、かなり批判的ではあるが、本書では、あえてリアルな波動を認める立場の追求を続けたい。ここで採用するのが、粒子の量子論ではなく、場の量子論の考えである。

場の量子論と実在

第4章

原子内部における電子の振る舞いを記述するだけならば、実用的には、粒子の量子論で充分である。しかし、理論の完全性という点から見ると、これでは物足りない。原子のエネルギー状態が変化して電磁波が放出される場合、粒子の量子論では、エネルギーの差から光の振動数が求められるだけで、いかなる過程を経てどんな強度の光が放出されるのか、全くわからないのである。

　理論の欠陥は、不確定性関係を考えても明らかになる。行列力学で量子論の原理とされた交換関係によれば、電子の位置と運動量は、確定した値を持たない。ところが、マクスウェル電磁気学によれば、静止した荷電粒子の周囲には、その位置を中心とし強度が中心からの距離の逆2乗に比例する電場が存在するはずである。したがって、電子の位置が不確定であるとは、電場の強度も不確定になることを意味する。電子が量子論に従う以上、理論を完全なものにするためには、電磁場の量子論的な振る舞いも考慮しなければならない。こうして、1920年代後半から、光を含む量子論（場の量子論）の研究に着手する物理学者が現れる。

　もっとも、粒子の量子論の場合とは異なり、場の量子論に基づく方法論が、物理学界全般に強い影響を与えることはなかった。場の量子論は実用性に乏しく、また、解釈が明確でなかったため、実用的なジャンルで仕事をする大半の物理学者は、場の量子論と距離を置き、原子核理論など粒子の量子論を使って

議論できる問題に集中した。行列力学を構築した若手研究者のうち、場の量子論に深くかかわったのはヨルダンとパウリだが、この二人は、理論の数学的な完全性を追求する職人的な物理学者であり、場の量子論をどのように解釈すべきか、あまり発言を行っていない。粒子の量子論についてきわめて饒舌に思想を語ってきたハイゼンベルクは、場の量子論に関しては、直截的な議論を避けた（1940年代には場の量子論から離れ、観測可能な始状態と終状態だけを問題とするS行列の理論を展開する一方、戦後は場の量子論の延長線上にある原物質の理論を考察しており、彼自身、理解に苦しんでいたようだ）。また、行列力学の研究を精神面で支援したボーアは、新しい理論を充分に咀嚼できなかったように思える。こうした事情から、場の量子論は、一部の先鋭な理論家たちのサークルで研究が続けられたものの、それが自然観をどのように変えるか深く論じられることのないまま、量子論の研究分野としては、1970年代になるまで長らく傍流に留まった。

　しかし、場の量子論が、粒子の量子論を正当に発展させたものであり、理論を首尾一貫したものにするために欠かせないことは、間違いのない事実である。この理論の意味を把握しない限り、量子論が抱えるさまざまな謎を解決する道は拓けない。本章では、1920年代後半、新たな理論の構築を目指した研究者が何を問題としたかに、改めて注目したい。この問題は、20世紀初頭以来の難題である「光の本性は何か」という謎と絡む。

光が何であるかによって量子論的な扱いが異なり、それとともに、光に関する粒子・波動の二重性や、不確定性関係の解釈も、全く変わってくるからである。そこで、まず光の実体にかんするディラックとヨルダンの議論を紹介し、さらに電子を含めた場の量子論がいかなる理論かを説明しよう。

光は粒子か波動か

　行列力学の研究者は、当初から電子を粒子として扱い、位置 q と運動量 p によって力学的な状態が決定されるとする解析力学の方程式を、q と p を行列ないし演算子に読み替えるだけで、そのまま採用した。行列力学では、実験・観測によって裏付けられた事実だけをもとに理論を構築するという方法論が標榜されたが、電子が粒子であることは、電磁場を加えたときの陰極線の曲がり方によって実証された実験事実として、はじめから受け容れたのである。電子の波動性を示す電子線回折の実験は、行列力学が完成した後の 1927 年に見いだされたが、行列力学で採用された運動方程式を解くと、交換関係に虚数単位 i が含まれることが影響して波動的な振る舞いが生じるので、波動性は粒子の量子論の枠内で解釈することができた。

　これに対して、光の場合は、早くから粒子と波動の二重性が問題になっていた。19 世紀には、干渉や回折など波動特有の現象が見つかっており、光が波であることは動かしがたい実験

事実と思われていたが、20世紀に入って、光電効果やコンプトン効果など、光が光子と呼ばれる粒子の集まりだと解釈した方が理解しやすい現象が見いだされた。このため、光を扱う量子論を構築する際にどうすべきか、議論が分かれた。

電子と光を含む量子論は、1929年から30年に掛けて、ハイゼンベルクとパウリによって構築されたというのが科学史家の一般的な見方だが、自然界における基本的な要素は何かを巡る議論は、その前史となる1920年代後半に展開された。この時期、まだ本格的な理論を構築するところまではいかないものの、光の量子論について、大きく分けて2つのアイデアが提案された。

1つは、いくつかの論文の中でディラックが断片的に示したアイデアで、光の実体は粒子だとする立場である。彼は、電磁ポテンシャル A_μ （μ は0から3までの値を取る添字で、A_μ を時間・空間の座標で微分して組み合わせると、電場・磁場が得られる）が光子の波動関数に相当するとの見解を述べ、電子の波動関数と組にした理論の方向性を示した。

もう1つのアイデアは、行列力学を大成したボルン、ハイゼンベルクとの共著論文の後半でヨルダンが提案したもので、光の実体は電磁場の振動だという見方である。ゾンマーフェルトの量子条件で示されたように、振動するものは、何が振動するかによらずそのエネルギーが離散的な値（振動数 ν で振動する振動子の場合、第3章で紹介した零点エネルギーを別にすると、$h\nu$ の整数倍）になる。電磁場のように拡がった媒質の場

合は、$h\nu$ のエネルギーの塊が媒質内部を移動するので、アインシュタインの光量子として振る舞うはずである。

ディラックとヨルダンのアイデアは、光の干渉がなぜ起きるかという点で、大きく食い違う。

マクスウェルによる古典的な描像では、光は電磁場の波動であり、光の干渉が起きるのは、異なるルートをたどって伝播した波が強めあったり打ち消しあったりするからである。ヤングによる二重スリット実験を考えてみよう。

ヤングの実験は、19世紀初頭に光の波動性を示す目的で行われた実験で、同一光源から出た光を2つのスリットを通過させた後にスクリーンに照射すると、濃淡の干渉縞ができるというものである（図4-1）。マクスウェル方程式を解くと、電磁場の波動は近似的に光線に沿った三角関数で表される。別々のスリットを通過した光が重なる地点では、位相の異なる三角関数を足しあわせることになるので、合成された波の振幅は、位相差がπの偶数倍のときにはそれぞれの振幅の和、奇数倍のときは差になる。その結果、合成波の振幅に応じた明るさの濃淡が生じる。

それでは、ヤングの実験に示される光の干渉を量子論で解釈すると、どうなるのだろうか？

ディラック流の解釈では、光は光子という粒子の集まりなのだから、それぞれの光子は、2つあるスリットのどちらかを通ってからスクリーンに到達する。干渉縞が生じるのは、光子がス

クリーン上の領域に到達する確率が場所によって異なるからである。この確率は、(ディラックの考えに従えば) 波動関数である電磁ポテンシャル A_μ によって決定される。

　一方、ヨルダン流の解釈によれば、マクスウェルの電磁気学と同じように、場を伝わる波が2つに分かれてスリットを通過し、合流したところで強めあったり弱めあったりして干渉を引き起こす。ただし、場の振動は量子条件によって制限されており、安定した振動状態になるためには、エネルギー量子の集まり (＋零点エネルギー) に等しいエネルギーしか許されないので、エネルギーのやりとりを伴う観測を行う場合、光は $h\nu$ に

図 4-1　ヤングによる二重スリット実験

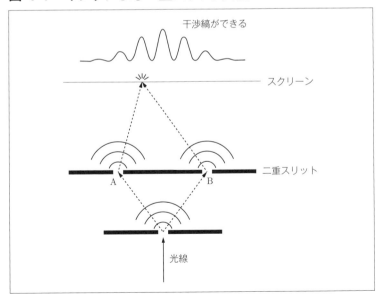

等しいエネルギーを持つ粒子のように観測される。

場の量子論の受容

　ディラックとヨルダンの見解の差異は、光の他に電子を含むように理論を拡張したとき、さらに鮮明になる。

　1920年代の終わり頃までに、粒子と見なされてきた電子も波のように振る舞うことが明らかになったが、この実験事実を、光が場合によって波動的だったり粒子的だったりすることと併せて考えると、電子と光に関する量子論は、同じ形式になるはずだという見通しが成り立つ。波動と粒子の性質を併せ持つという不思議な二重性の起源が、電子と光で異なるとは到底信じがたいからである。ディラック、ヨルダンとも、こうした認識に基づいて、電子と光をともに含む理論の構築を目指した。

　ディラックは、電子と光子という2種類の素粒子から成る原子論的な世界観に基づき、電子の波動関数 ψ と光子の波動関数 A_μ を用いて両者の相互作用を記述する理論を考えた。A_μ は古典論における電磁ポテンシャルに相当し、振動によってエネルギー量子 $h\nu$ の状態が生じることから、行列力学における位置や運動量と同じような演算子とされた。一方、ψ はディラック自身が考案した相対論的な電子の方程式（ディラック方程式）を満たす関数で、シュレディンガーの波動関数を拡張したものと解釈され、光子の波動関数である電磁ポテンシャルと

同じように、演算子として扱われた。ディラックの理論は、まず、粒子の量子論に従って波動関数を導入し、さらに、この波動関数が演算子であるという二段階構造になっており、その手法は、**第2量子化**と呼ばれた。

一方のヨルダンは、ハイゼンベルク、ボルンとの共著論文で基本的なアイデアを提出した後、1927年から28年に掛けて、それぞれクライン、パウリ、ウィグナーを共著者とする論文を発表し、理論の形式を整えていった。彼の手法によれば、光が電磁ポテンシャル A_μ の量子論的な振動によるエネルギー量子であるのと同じように、電子も、電子の場 ψ の振動によるエネルギー量子だと考えられる(ただし、論文におけるヨルダンの記述は錯綜しており、ここまで割り切って主張しているわけではない)。ψ と A_μ は、拡張された交換関係を満たす演算子と見なされた。ψ と A_μ が演算子だという点では、ディラックの第2量子化と似ているが、ディラックが粒子を基本的な存在としているのに対して、ヨルダンの手法が場を基本とする**場の量子化**であるという点で、根本的に異なる。

ディラックとヨルダンのアイデアの差は、基本となるのが粒子か場かという世界観の違いであり、実験結果の予測という点では、ほぼ同等の帰結を導く。また、いずれにしても実用とは全く縁のない純然たる理論であり、分子や原子核に量子論を応用しようと研究に没頭していた多くの物理学者にとって、特に食指を動かされる分野ではなかったろう。このため、第2次大

戦後に執筆された教科書でも、両者の差を明確にしていないものが少なくない。

しかし、現在では、第2量子化と場の量子化の間に、はっきりと優劣が付けられる。鍵となるのは、粒子描像が成り立たない現象である。自然界の基本的な構成要素が粒子だとするディラック流の第2量子化では、この現象をうまく説明できない。

もともとディラックは、ディラック方程式や電磁ポテンシャルの方程式が、ψ や A_μ に関して1次式になることに注目していた。ディラックは、やはり1次式であるシュレディンガー方程式との類似性から、ψ や A_μ を波動関数と見なしたのである。ところが、1960年代後半になって、非線形な理論が登場する。この頃、原子核の構成要素である陽子や中性子は、クォークと呼ばれる基本粒子がグルーオンを介して結合したものだとする考えが広まり、グルーオンの相互作用として、1次式では表せない非線形なヤン゠ミルズ理論が注目された。この考えは1970年代に実験的に検証されるが、特に重要なのは、非線形な相互作用の結果として、グルーオンが粒子的な振る舞いを全く見せない点である。素朴なイメージを使えば、グルーオンはクォークをベッタリと取り囲むように存在しており、粒子らしさは微塵もないのである。粒子を基本とする手法では、こうした現象を取り扱うことができない。

場を基本とするヨルダン流の考え方ならば、困難を回避する方途がある。場の量子論では、粒子描像が成り立つのは「摂動

論近似」と呼ばれる近似が適用できる場合に限られる。この近似が使えるのは、相互作用が弱く、その効果を相互作用がない場合の小さな補正として扱えるときである。専門的な議論になるので細かな説明はしないが、ごく簡単に言えば、相互作用がなければ粒子描像が完全に成り立つのに対して、相互作用による補正が大きくなるほど、場の振る舞いは"粒子的"ではなくなる。グルーオンの相互作用は、この近似が全く使えないケースであり、粒子のような振る舞いは見られない。基本的な実在が粒子だとする立場では、このように粒子的でない現象を扱うのは困難だが、場を基本とする手法ならば、摂動論によらない「非摂動論的な」計算法によって、場の振る舞いを調べることも可能である。非摂動論近似では、粒子描像は全く使われず、場の値がどのように変化するかだけを問題とするので、グルーオンによる相互作用も扱えると期待される（実際には、相互作用が複雑すぎて、必ずしも成功していないが）。

　摂動論近似が使えるのは、相互作用の大きさを決定する定数が小さいか、または、扱う対象が孤立しているために相互作用を受けない場合である。原子や結晶に束縛されていない自由電子は、周囲からの相互作用が弱いので、空間を飛び回る粒子のように振る舞うが、原子内部の電子は、常に原子核から作用を受けるために、粒子性が失われてしまう。原子内部における電子の軌道を特定できないことについて、「観測されていないときには運動を記述できない」という原理的な理由によると考え

る人もいるが、単純に、「摂動論近似が悪いので粒子のような振る舞いを示さない」と考えた方が、シンプルでわかりやすいだろう。

場を量子化する

　場の量子論は、粒子の量子論の考え方を場に拡張した理論である。電子場や電磁場などあらゆる場の値を表す記号として ϕ を用いることにすると、粒子の位置 q は、場の値 ϕ に置き換えられる（q は時間の関数なので $q(t)$ と書くべきだが、しばらく時間座標は無視する）。

　量子論で扱われる場は、一般に振動する解を持つので、その振る舞いは振動子（おもりがバネに取り付けられたもの）の運動と似ている。振動子の場合、位置 q は、振動中心の周りに拡がった波動関数 $\Psi(q)$ で表され、そのエネルギーは、振動数が ν のとき、$h\nu$ の整数倍に零点エネルギーを加えたものになる（**図4-2**（1）；図の波動関数は、最低エネルギーによる零点振動のもの）。エネルギーが離散的になるのは、波が平衡点の周辺に束縛されるため、量子数（振動子の場合は、エネルギー量子の個数に相当）で分類される定在波が形成された結果である。

　場の振動は、無数の振動子が稠密に存在するようなものである。このとき、変動するのは場の値なので、あらゆる場所 x

図 4-2　粒子と場の波動関数

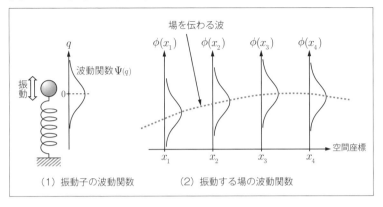

（1）振動子の波動関数　　（2）振動する場の波動関数

における場の値 $\phi(x)$ が、振動子におけるおもり位置 q の役割を果たす。波動関数は $\Psi(\phi(x))$ という汎関数として表され、場の値 $\phi(x)$ が、この波動関数で表される拡がりを示すことになる（図4-2（2）；この図はあくまでイメージであり、実際の波動関数は、全ての地点における場の値の汎関数になる）。場を伝わる波は、場の値を表す波動関数が場所・時間によって変動していることを意味する。

　バネにおもりを取り付けた振動子の場合、エネルギー量子は、そのバネに局在すると言って良い。一方、電磁場のような場では、振動は波として伝わっていく。このため、**場のエネルギー量子は、ある地点に局在した振動ではなく、伝わっていく波の形になる**。この「伝播する波の形をしたエネルギー量子」が、光子や電子などの粒子のように振る舞うわけである。

　ここで、「エネルギー量子が粒子のように振る舞う」とはど

ういうことかを、きちんと理解しておく必要がある。そもそも、粒子とは何だろうか？　ハイゼンベルクら行列力学の研究者は、電磁場内部での陰極線の曲がり方が、一定の質量と電荷を持つ点状の物体がローレンツ力によって加速度運動するときの軌跡と一致することから、電子が粒子であることは実験によって実証されていると判断し、位置 q と運動量 p によって粒子の運動を記述する解析力学の手法を採用した。しかし、こうした加速度運動は、電子がエネルギー量子のような波であることと矛盾しない。

19世紀までは、質量とは物質の量のことだと解釈されていた。したがって、一定の質量を持つ電子は、分割不可能な物質の塊のようにイメージされたのである。しかし、20世紀初頭にアインシュタインによって導かれた「質量とエネルギーの等価性」を表す公式

$$E = mc^2 \qquad (4.1)$$

を用いれば、物質でなくても加速度が生じることが示せる。(4.1) 式は、ある領域内部に閉じ込められた内部エネルギー E が、この領域の持つ慣性（＝加速されにくさ）m と（定係数を除いて）一致することを意味する。したがって、エネルギー量子のようにエネルギーの塊として振る舞うものがあれば、本体が波であっても慣性を持ち、外部から力が加わったときには加速度運動をする。電子の質量とは、波としての電子の内部

に蓄えられたエネルギーに他ならない。全ての電子が等しい質量を持つのは、エネルギーの値が量子論の法則によって決まるからである。

　場の量子論では、電荷も、動き回る粒子が担うものではなく、場同士（例えば、電子場と電磁場）が相互作用する強さとして定義される。古典的な荷電粒子の運動学では、電荷は粒子の存在する位置に集中しているように扱われるが、実際には、電荷とは場全体にかかわる物理的性質なのである。だからこそ、全ての電子は、完全に同一の電荷を持つのである。

　運動量も、ニュートン力学では質量と速度の積として定義されるので、物質に固有の概念だと思われるかもしれないが、20世紀になってから、数理物理学の一般論によって、電磁波のような波でも運動量が定義できることが示された。場の量子論におけるエネルギー量子の場合、運動量 p と波数（波長の逆数）k の間には、ド・ブロイの関係式 $p = hk$ が成り立つ（h はプランク定数）。粒子の量子論では、波が実在するという前提がないので、ド・ブロイの関係式が物理的に何を意味するのか良くわからなかった。これに対して、場の量子論になると、エネルギー量子として場を伝わっていく波が実際に存在しており、これをド・ブロイの物質波と見なすことができる。ド・ブロイの関係式は、この物質波における波動性と粒子性の関係式となる。

　場を伝わる波動と粒子描像の関係を、ごく簡単な式を使って

示しておこう。波を伝播させる以外の相互作用が全くない場合、伝播する波は正弦波となり、x 座標だけを考えた場合、振動数 ν、波数 k の波は、次のような正弦関数で表される。

$$\sin 2\pi(kx - \nu t)$$

まず、k がきわめて小さい、すなわち、波長がきわめて長い場合を考えると、空間座標 x が少し移動しても波は変化を示さず、場が広い範囲にわたって同じ位相で振動する状態になる。この状態を粒子描像で解釈すると、運動量 p（$=hk$）がほぼゼロなので、粒子が静止した状態と見なすことができ、振動のエネルギーは、質量とエネルギーの等価性から、粒子の静止質量の c^2 倍とみなせる（厳密に言えば、「ある範囲内に粒子が1個存在する」という条件を付け加えて、波を規格化しなければならない）。ただし、全ての地点で同じような振動をしていることから、この粒子がどこに存在するとも言えない。つまり、運動量がゼロに確定すると、粒子の位置は無限に拡がって確定できなくなる。

それでは、波をどこかに集中させるには、どうしたら良いのだろうか？　数学的には、ある地点に集まった波は、波長の異なる正弦波の重ね合わせとして表すことができる。これは、任意の波をフーリエ展開することに相当するが、フーリエ展開をきちんと扱うのはかなり面倒なので、ここでは、波数が k と $k + \Delta k$ で与えられる同振幅の2つの正弦波を重ねるという

きわめて単純なケースを取り上げよう。このとき、**図 4-3** に示されるように、波の振幅が一定間隔で増減する一種の"うなり"が生じる。2 つの波が重なったとき、振幅が 0 になるのは 2 つの波が逆位相のとき、振幅が最大になるのは同位相のときなので、うなりの波長（図 4-3 の L）は、重ね合わされる 2 つの波の個数が 1 個分ずれる間隔に相当する。波長の逆数である波数は、単位長さ当たりの波の個数を表すので、間隔が L のときに重ね合わされる 2 つの波の個数の差が 1 個になることは、

$$L(k+\Delta k) - Lk = L\Delta k = 1$$

という式で表される。ここで、振幅が 0 となる部分に挟まれた長さ L の領域を、この地点に集まった波と見なし、これが粒

図 4-3　波数が異なる波の重なり

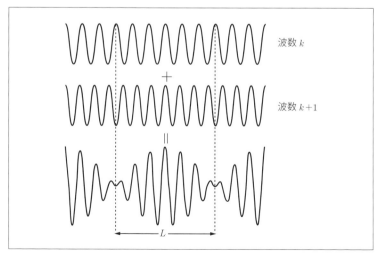

子的な状態だと考えると、この"粒子"は、L 程度の範囲に拡がっており、その分だけ位置が不確定になる。一方、重ね合わせた波の波数には Δk の差があるので、これを波数の不確定性と見なし、ド・ブロイの関係式を当てはめると、位置の不確定性 Δq と運動量の不確定性 Δp の間に、

$$\Delta q \Delta p \sim h \tag{4.2}$$

という関係があることがわかる。(4.2) 式は、量子論における不確定性関係の1つの表現である（不確定性関係については、第5章で改めて論じる）。ここで示した観点からすると、**位置や運動量が確定しないのは、粒子の量子論で粒子と見なしたものが、実は、エネルギー量子という波であることに由来する。**

波の波動関数

　場の量子論では、場の値 ϕ が粒子の位置 $\boldsymbol{q}$（以下の議論では、空間が3次元であることを前提とするので、3次元ベクトルであることを明示するために太字を用いる）の代わりとして用いられる。したがって、場の量子論における波動関数は、$\Psi(\phi)$ という形になる。図4-2では時間座標を無視したが、正確に書けば、波動関数は、場所を表す位置座標 $\boldsymbol{x}$（3次元空間では3成分のベクトル）と時刻 t を使って $\Psi(\phi(\boldsymbol{x},t))$ と表され、あらゆる場所、あらゆる時刻において場の値 ϕ がどの

ような拡がりを持つかを示す無限個の変数の関数となる。場の量子論が難解だと言われるのは、場の変動が伝播する過程である波と、場の値が確定しないことを表す波動関数という「2つの波」が理論に含まれるせいでもある。シュレディンガーが用いた波動関数を「粒子の波動関数」と呼ぶならば、場の量子論に登場する場の波動関数は、「波の波動関数」と呼んだ方がしっくりくるだろう。

　こうした状況を理解するには、第2章で用いた台風のイメージが参考になるだろう。台風の喩えを使って粒子の量子論を説明するならば、台風の波動関数 $\Psi(q)$ は、台風を大気現象ではなく個物と見なして、これが位置 q に存在する確率（正確に言えば確率振幅）を与える。例えば、q を室戸岬の位置座標とすると、$\Psi(q)$ は室戸岬の大気の状態を表すのではなく、ある台風が室戸岬に上陸する確率がどうなるかを表している。台風が2つあるときには、それぞれ別々に動きを考えなければならないので、2変数の波動関数 $\Psi(q, Q)$ が必要となる。

　場の量子論における場の値 $\phi(\boldsymbol{x}, t)$ は、室戸岬なら室戸岬の気圧・風速・温度などの大気状態を表す。台風が複数ある場合でも、その定義は変わらない。場の値の波動関数、あるいは、波の波動関数 $\Psi(\phi(\boldsymbol{x}, t))$ は、例えば、気圧が990ヘクトパスカルと1000ヘクトパスカルの間にある確率を与えてくれる量となる。ただし、この理論は、実用的ではない。「室戸岬では、午前10時に気圧が1000ヘクトパスカルになる確率が10％、

990ヘクトパスカルになる確率が5％…」などと予報を出されても、ほとんど役に立たない。予報の精密さに欠けるとしても、「最大風速と中心気圧がこれこれの台風がどこにある」という粗っぽい（物理学の用語を使えば、粗視化された）情報の方が、有用なのである。

　波の波動関数 $\Psi(\phi(\boldsymbol{x},t))$ は、形式的に定義できるだけであって、具体的に計算することは不可能である。スーパーコンピュータを使って計算できないかと期待する人もいるだろうが、符号がプラスとマイナスの間で変動する量の積分が現れるため、誤差が積み重なって信頼できる計算結果が出せない。また、たとえ計算できたとしても、使い道がない。場の理論を使って求められるのは、せいぜい、素粒子が崩壊するときの分岐比のような、ごく限られた物理量しかない。素粒子の標準模型という形で体系化された場の量子論は、あらゆる物理現象の根源を明らかにする基礎理論ではあるものの、根源が何であるかを示すだけで、実用性は、全くといって良いほどない。この無能な理論を、具体的な計算ができるように近似したのが、原子物理やエレクトロニクスの分野で盛んに応用される粒子の量子論なのである。

量子論と実在

　量子論はきわめてわかりにくい理論だが、その原因は、具体的なイメージを思い描けない点にある。量子論的な現象をキャッチコピー風に言い表す文言には、「光は波であると同時に粒子である」といった矛盾表現、あるいは、「電子の位置は確定できない」といった否定表現が用いられ、何を意味しているのか理解できない。「光は粒子のように振る舞う波である」「電子は波なので拡がっている」のように、矛盾や否定のない表現を用いれば、はるかにわかりやすくなるはずである。しかし、こうした言い回しは、行列力学の方法論によって禁じられてきた。

　第3章で示したように、行列力学は、原子内部で電子が軌道を描いていると仮定すると議論が混乱することから、実証的な裏付けのない仮定を排し、実験・観測で得られたデータを関係づけることだけを目的として作られた。このときに採用されたのが、物理的な実在について裏付けなしに仮定しないという方法論である。光は粒子か波か、あるいは、電子はどこにあると考えるべきか——といった問題に関して、実証的でない議論はすべきではないというのが、量子論的な現象を扱う際の正統的な態度とされる。

　ところが、場の量子論では、場そのものを観測対象とするよ

うな実験はほとんど困難であるにもかかわらず、場が物理現象の基本的な要素として想定されている。これは、行列力学の方法論を逸脱するやり方である。場を実在と考えずに一種の作業仮説と見なす立場もあるが、現代的な場の量子論では、場の凝縮に関する理論—例えば、「陽子や中性子の内部ではクォークと反クォークの場がペアとなって凝縮している」といった主張—のように、場のリアリティを前提とすることが多く、作業仮説という見方を貫徹するのは難しい。

　方法論上は行列力学の禁忌を犯しているものの、**場の量子論に基づいて物理現象をイメージすると、量子論的な現象が驚くほどわかりやすくなる**。粒子の量子論における最大の謎は、波動性の起源である。シュレディンガーの波動方程式を解くと、原子のエネルギーが、あたかも定在波が形成されているかのように離散的な値になることが導かれる。しかし、波動関数は単なる確率振幅であり、物理的な実在ではない。量子論を勉強する者は、この説明に頭を悩ませるだろう。なぜ、実在でない波動関数が、あたかもリアルな波であるかのように粒子の運動やエネルギーを左右するのだろうかと。場の量子論ならば、この悩みに答えることができる。粒子のように見えるものは、実は場に生じたエネルギー量子というリアルな波であり、他の波と干渉することで定在波を形成したり明暗の縞模様を生み出したりする。この波を関数で表すのは実用的でないため、近似的な粒子描像を利用せざるを得ないが、粒子の波動関数は、波とし

て伝わるエネルギー量子の振る舞いをなぞっているので、たとえ波動関数そのものは実在しない確率振幅であっても、リアルな波の動きを再現するのである。

　第1章では、量子論を応用する際にリアルな波動のイメージを持つことのの重要性を強調したが、それは、粒子の量子論が、「場のリアルな波動によって引き起こされる現象を近似したもの」だと考えられるからである。

誤差・揺らぎ・不確定性

第5章

電子の位置や運動量が不確定になるという量子論の主張は、場の量子論で示される通り、電子が粒子ではなく粒子のように振る舞う波だと考えると、ナイーブに理解できるはずである。にもかかわらず、実用的な理論として理工系の学生が学習し、技術者がツールとして利用する粒子の量子論では、行列力学の方法論に則って電子が粒子であることを前提とし、粒子の力学変数である位置 q と運動量 p をもとに理論体系が構築されている。このため、量子論をマスターしようと意気込んで教科書を手にした学生は、勉強し始めてすぐに、粒子であるのに位置や運動量が不確定になるという不可解な結論を押しつけられ、すくんでしまう。「直観的に理解できない主張を受け容れることが、量子論を修得する第一歩だ」と言われても、納得できないものが残るだろう。量子論を応用する立場にある技術者たちは、量子論は実用的なツールであり、直観的にわからないことがあっても役に立てば良いという観点から、割り切って使いこなしているはずである。

　不確定性という概念がわかりにくいのは、「物理学の議論には実験・観測で裏付けられたデータだけを用いる」という行列力学の方法論を徹底させた結果、不確定とはどのような物理的状態かを語れなくなったからである。位置とかエネルギーといった物理量を測定する場合、確定した値が得られる（測定誤差が存在するが、後述するように、これは、量子論で言うところの不確定性とは別物である）。不確定性それ自体を測定する

ことは、不可能ではないのかもしれないが、現実問題として難しい。それでは、測定できないのだから、不確定性は物理的な状態ではなく、「人間には正確に知ることができない」といった情報の欠如かと言うと、そうでもない。実際、「原子が安定なのはなぜか」という問いに対して、「電子が原子核に落ち込んだとすると、位置の不確定性が原子核の直径程度に小さくなるので、位置と運動量の不確定性関係（詳しくは後述）によって運動量が大きくなり、その結果として、通常の原子内部の電子が持ち得る以上のエネルギーが必要となるため、電子は原子核に落ち込めない」という答え方もある。つまり、不確定性とは、原子が壊れずにいられることを保証するリアルな性質なのであって、人間には知り得ないといった情報の欠如ではない。

　不確定性とはいったい何なのか？　前章の場の量子論の議論によって、その答えはある程度出ているが、ここでは、もう少し話を明確にするため、粒子の量子論に立ち返って、不確定性が何でないかを論じよう。まず取り上げたいのが、不確定性の議論を混乱させた元凶の1つとも言えるハイゼンベルクの思考実験である。

ハイゼンベルクの思考実験

　電子が運動するときの飛跡は、19世紀末に発明された霧箱によって視覚化できる（近年では、より性能の高い泡箱や原子

核乾板が使われる)。霧箱には、過飽和状態の水蒸気を含む空気が封入されており、電子のような荷電粒子が進入すると、電気的な相互作用によって気体分子がイオン化され、このイオンを凝結核として水滴が生じる。その結果、電子が通った道筋に沿って点々と水滴が並ぶので、あたかも電子の軌道が記録されたかのように見える。しかし、顕微鏡で精密に調べると、水滴の位置は想定される電子の道筋から少し隔たっており、電子の軌道を正確に表したものではない（図 5-1）。さらに、磁場を加えることで電子の運動量を測定することもできるが、これもやはり不正確さが残る。電子の速度に垂直な磁場を加えた場合、ニュートンの運動方程式によれば、電子は運動量に比例する半径の円軌道を描くはずだが、少数のばらついた水滴だけからは、軌道半径を正確に決めることはできない。多数の水滴を選んでも、イオン化の際にエネルギーを失って軌道半径がしだいに小さくなるので、軌道上のある地点で電子が持つ運動量を確定することはできない。

　このように、電子の飛跡が視覚化できた場合でも、位置と運動量の値に不正確さが残る。ただし、こうした不正確さが、単に測定に伴う誤差なのか、それとも、電子自体がそもそも確定した位置や運動量を持っていないのか、この段階でははっきりしない。

　ハイゼンベルクは、行列力学の形式が確立されたすぐ後の1927 年、「量子論的な運動学および力学の直観的内容について」

図 5-1 霧箱に生じる電子の飛跡

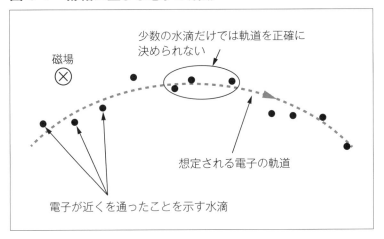

(邦訳は、『世界の名著 66 現代の科学 II』(中央公論社、1970) 所収) の中で、交換関係 (第 3 章 (3.2) 式) のために、電子の位置と運動量を、古典論のように任意の時刻で決まった値を持つ量として扱うことはできないことを指摘し、これを敷衍して、具体的な測定操作を抜きにしては、位置や運動量といった概念自体が意味を持たないと主張した。しかし、そこで持ち出した思考実験は、量子論の解釈を混乱させるものだった。

彼は、ガンマ線 (波長がおよそ 1 千億分の 1 メートル以下の光) を用いて電子の位置を測定する実験を取り上げる。この場合、ガンマ線に波長 λ 程度の拡がりがあるため、電子の位置は、λ 以下の精度で測定することはできない。したがって、位置の測定誤差 $\epsilon(q)$ は、λ 程度となる。一方、ガンマ線を光子という素粒子と見なしたときの運動量は h/λ となる (h は

プランク定数；この関係式は、光子に関してもド・ブロイの関係式が成り立つと仮定するか、あるいは、アインシュタインの関係式 $E = h\nu$ と古典電磁気学の式を組み合わせれば導ける）。位置測定に際しては、この光子を電子にぶつけるので、コンプトン効果によって電子は跳ね飛ばされ、光子から最大で h/λ の運動量を受け取ることになる。したがって、測定に伴う運動量 p の擾乱の大きさを $\eta(p)$ で表せば、$\eta(p)$ は h/λ 程度となる。こうして、誤差と擾乱の間に、次の関係式が成り立つ。

$$\epsilon(q)\,\eta(p) \sim h \tag{5.1}$$

ハイゼンベルクは、誤差 $\epsilon(q)$ と擾乱 $\eta(p)$ が量子論における位置と運動量の不確定性の現れであり、(5.1) 式（**ハイゼンベルクの関係式**）を位置と運動量の不確定性が満たす基本的な式だと考えた。

擾乱のない測定と小澤の不等式

ハイゼンベルクによる不確定性関係の説明は、一般向けの解説などで用いられることが少なくない。しかし、現在では、彼の議論には大きな欠陥があり、そのままでは受け容れられないことが明らかになっている。

ハイゼンベルクの議論に対する批判は、早い段階から提出されていたが、ここでは、少し異なる文脈で持ち出されたアイン

シュタインらの批判を見ることにしよう。アインシュタインは、以前から、量子論的な相互作用をする2つの物体の一方を測定することで他方の状態の物理量が判明する（例えば、光子箱から飛び出す光子のエネルギーは、その前後での光子箱の質量を測定すればわかる）という議論をもとに量子論批判を展開していたが、1935年、アインシュタイン、ポドルスキー、ローゼンの連名で、量子論の根幹にかかわる重要な論文を発表した。それが、著者3人の頭文字からEPR論文と呼ばれるものである。

　EPR論文の出発点は、対象の状態を擾乱せずに物理量を測定できるケースがあるというものである。例えば、ある粒子（素粒子や放射性核種の原子核）が2つの粒子に崩壊する場合を考えよう。既知の素粒子や原子核ならば、その質量はあらかじめわかっているので、質量欠損を用いて崩壊の際に解放されるエネルギーが求められ、重心系（元の粒子が静止している座標系）において崩壊後の2つの粒子が持つエネルギーが計算できる。一般の座標系では、元の粒子の運動状態が不明なので、崩壊後の粒子のエネルギーは測定しなければわからない。しかし、2つの粒子の一方のエネルギーを測定すれば、その値から、他方のエネルギーは正確に求められる。崩壊後の2つの粒子は、すぐに遠ざかって相互作用しなくなるので、一方の粒子のエネルギーを測定しても、他方の粒子に影響が及ぶことはない。こうした測定は、対象にガンマ線を照射することで反跳させてしまうハイゼンベルクの測定とは異なり、対象を擾乱しない精密測

定である。EPR論文では、ある粒子の位置と運動量の任意の一方について、擾乱のない測定を行えるケースが考察されているが、この過程に伴って生じる相関の問題は第7章で改めて取り上げることにして、ここでは、擾乱のない精密測定が可能だという点だけに注目する。

EPR論文に示されたのと同じタイプの測定は、すでに数多く実行されている。それでは、擾乱のない測定が可能だとすると、量子論における不確定性を誤差や擾乱と結びつけたハイゼンベルクの主張は、どのように理解すべきなのだろうか？ 端的に言えば、ハイゼンベルクが間違っていたのである。測定に伴う誤差や擾乱と量子論的な不確定性は、関連性はあるものの、基本的には別物と見なすのが正しい。

ハイゼンベルクの議論は、どこを修正すれば良いのか？ この点については、誤差や擾乱の厳密な定義が難しいので必ずしも一義的に答えることはできないが、小澤による (5.1) 式の修正案が良く知られているので、一つの考え方としてこれを紹介しておこう。この修正は、小澤正直が2003年に提案したもの。位置 q の測定における（ある形で定義された）誤差を $\epsilon(q)$、この測定に伴う運動量 p の（同じく、特定の形での）擾乱を $\eta(p)$、q と p の量子論的な不確定性を、それぞれ $\sigma(q)$, $\sigma(p)$ とする（$\sigma(q), \sigma(p)$ は、次節で示すように、q と p の標準偏差と解釈される）。このとき、次のような不等式の成立が、理論的に導ける。

$$\epsilon(q)\sigma(p) + \eta(p)\sigma(q) + \epsilon(q)\eta(p) \geqq h/4\pi \qquad (5.2)$$

（5.2）式が**小澤の不等式**である。運動量が擾乱されない（$\eta(p) = 0$ となる）測定を行った場合、ハイゼンベルクが提案した（5.1）式は成立しない。したがって、量子論における不確定性が測定における誤差と擾乱に起因するという主張は、破綻する。しかし、(5.2)式は、$\eta(p) = 0$ の場合でも成り立つ。それどころか、$\sigma(p)$ がある程度大きければ、不等式を破らずに誤差 $\epsilon(q)$ を充分に小さくできるので、運動量 p を擾乱せずに位置 q のかなり精密な測定を行うことが原理的に可能であることを示す。ただし、こうした測定は、互いに相互作用しない2粒子系で、「一方の粒子について測定すれば、他方の粒子の位置がわかる」という状態を実現しなければならず、実行するのはかなり難しい。通常、擾乱を伴わない精密測定として現実に遂行されるのは、位置・運動量とは別の物理量、例えば、スピンの向きに関する実験である。

　このように、対象を擾乱しない精密測定が可能であることは、量子論的な不確定性が、誤差や擾乱でないだけでなく、熱的な揺らぎによるランダムな擾乱でないことをも意味する。このことは、ブラウン運動における擾乱と比較すると、良くわかる。溶媒中の微粒子は、衝突してくる溶媒分子からランダムな撃力を受けて、明確な軌道を持たないブラウン運動を行う。これと同じように、量子論に従う粒子も、環境の揺らぎによってラン

ダムな運動を行い、その結果として位置や運動量が不確定になるのでは…と考える人がいるかもしれない。しかし、この考え方は正しくない。もし、ランダムな揺らぎが不確定性の原因だとすると、崩壊して生じた2つの粒子の一方を測定するケースでは、2つの粒子が互いに離れる間に、それぞれの置かれた環境から別々に熱的な揺らぎを受けて運動が乱されるため、一方を測定するだけで他方の物理量を正確に求めることはできないはずである。ところが、実験を行うと、2粒子の物理量がランダムに乱されてはおらず、精密測定が可能となる。量子論における不確定性は、熱のようなランダムな揺らぎによるものではないのである。

不確定性関係の導き方

　量子論の正統的な解釈では、不確定性は、統計数学でお馴染みの標準偏差と見なされる。第3章で原子内部の電子を行列力学によって扱うケースを論じた際、原子が特定の状態（例えば、量子数 n で指定される状態）にあるとき、電子の位置 q に対して理論的に求められる値 q_{nn} は、電子の位置を繰り返し測定したときの平均値に対する予測値、あるいは、統計数学で言うところの期待値と解釈されるという説明をした。この解釈は、行列力学の他の原理から導けるものではないが、「電子は特定の軌道を描かないものの、粒子として原子内部に存在している」

というもっともらしい（しかし、正しいとは限らない）描像を元にしたとき、正当だと思える解釈である。また、これまで無数に行われてきた実験結果とも矛盾しない。

量子論によって、位置のような物理量の値が期待値として与えられるとすれば、さらに、統計的な標準偏差を定義することも可能である。ここでは、数学的に難しい議論はさておいて、物理量 A の標準偏差 $\sigma(A)$ が、次の式で与えられることだけを知っておけば充分である。

$$\sigma(A)^2 = \left\langle (A - \langle A \rangle)^2 \right\rangle \tag{5.3}$$

(5.3) 式で $\langle A \rangle$ と書いたのは、物理量 A の期待値（多数の測定を繰り返したときの平均値）のことで、量子論では、考えている対象が状態 n にある場合は、物理量 A を行列と見なしたときの n 行 n 列の値である（ディラックのブラ＝ケット記法を知っている読者には、$\langle n|A|n \rangle$ と表した方がわかりやすいだろう）。(5.3) 式では、$A - \langle A \rangle$ によって、まず期待値との差（位置 q ならば、期待値を原点とした位置座標）を考え、これを 2 乗することで常にプラスの値になるようにし、さらに、その平均を取って、期待値からどの程度ばらつくかを表す分散が求められる。標準偏差は、分散の平方根を取ったものである。

ここで、交換関係（第 3 章 (3.2) 式）を満たす 2 つの物理量 q と p があるとき、いくつかの基本的な前提（例えば、演算子として表される物理量の量子論的な期待値は必ず実数にな

るという前提で、これは、物理量となる演算子が満たすべき制限となる）を採用すれば、後は簡単な式変形によって、次の不確定性関係が導かれる。

$$\sigma(q)\sigma(p) \geqq h/4\pi \tag{5.4}$$

この式の導き方は、ほとんどの量子論の教科書に書かれており、ここでは説明しないが、数学的に高度な式変形は必要なく、交換関係から直ちに導かれると言って良い（導き方を知りたいという読者のために、アウトラインを図 5-2 に記しておく）。

不確定性関係（5.4）は、量子論における最も基本的な法則であり、多くの実験によって不等式の成立が確認されている。

不確定性関係は何を意味するか

これまでの議論をまとめよう。

量子論では、位置や運動量に不確定性が生じるが、擾乱のない実験が可能であることなどから、次の諸点が示される。

- 量子論の不確定性は、測定につきまとう誤差や擾乱ではない
- 同じく、熱のようなランダムな揺らぎに起因するものでもない
- 同じく、情報の欠如を表すものでもない

ここから、「それでは、不確定性関係とは何か」という方向に議論を進められそうだが、行列力学の方法論に従う限り、そ

図 5-2 不確定性関係の導き方

位置 q, 運動量 p の期待値を 0 と仮定し、次のように、実数 s の関数 $I(s)$ を定義する。

$$I(s) \equiv \langle (q + isp)(q - isp) \rangle$$

$q + isp$ と $q - isp$ が演算子に拡張された複素共役関係にあることから予想されるように、

$$I(s) \geqq 0$$

となる(この不等式は、位置と運動量に限らず一般的に証明できるが、ここでは示さない)。

$I(s)$ の $\langle \; \rangle$ 内を展開して交換関係を用いると、次式が得られる。

$$\begin{aligned} I(s) &= \langle q^2 \rangle + s^2 \langle p^2 \rangle - is \langle qp - pq \rangle \\ &= \langle q^2 \rangle + s^2 \langle p^2 \rangle + sh/2\pi \end{aligned}$$

$I(s)$ は恒等的に非負なので、s の 2 次式と見なしたときの判別式は 0 以下になる。したがって、

$$\langle q^2 \rangle \langle p^2 \rangle \geqq (h/4\pi)^2$$

これが、不確定性関係である。

$qp - pq = 0$ ならば、不確定性関係は、物理的内容のない自明な式になる点に注意。

q, p の期待値が 0 でないときには、上の議論で、

$$q \to q - \langle q \rangle, \; p \to p - \langle p \rangle$$

という置き換えをすれば良い。

うした議論はできない。なぜなら、次の点も示されたからである。

- 不確定性関係は、交換関係の直接的な帰結である

行列力学において、交換関係は理論全体の大前提となる原理として位置づけられており、ここから出発してさまざまな法則を演繹する。不確定性関係は、理論の原理である交換関係から

直接的に導き出される関係式なので、それ自体が原理に近い(それゆえ、時に「不確定性原理」と呼ばれる)。原理に準じるものである以上、不確定性関係が物理的に何を意味するかを掘り下げて議論することは、方法論上は許されないのである。

「理論を数学的に体系化したとき、他の法則を演繹できる少数の前提が存在するならば、これが物理現象の根底にある基本的な原理と見なされる」という考え方は、物理学的な原理主義とでも言うべきものである。量子論の場合、物理量を演算子と見なし、位置・運動量のような基礎的な物理量に交換関係を課すことで構築された行列力学の体系は、こうした原理主義に叶うと言って良いだろう。演算子と交換関係をベースに量子論を構築する手法が、しばしば**正準量子化**という大仰な名前で呼ばれるのも、納得できる。

物理学原理主義の始まりは、おそらくニュートン力学であり、ニュートンが提示した運動の3法則が、力学の全体系を導く原理としての役割を担わされた。ただし、現在の観点からすると、ニュートンによる運動の3法則は、必ずしも原理と言えるものではない。例えば、作用・反作用の法則は、2つの物体の間で相互に作用する力が、互いに逆ベクトルになるという主張だが、こうした議論は、「物体は接触したときにだけ力を及ぼしあう」という考えを前提としており、「物体は荷電粒子から構成され、電磁場を介して作用を及ぼす」という近代的な物質観とは相容れない。このため、ニュートン力学とマクスウェル電磁気学を

統合するローレンツの理論では、「物体同士が及ぼしあう力」という概念自体が用いられなくなり、粒子と場の相互作用という考え方で置き換えられる。運動の3法則が原理だという発想に縛られていたのでは、こうした理論の発展は望めない。

　本書では、すでに第3章で、交換関係が原理であることを疑問視した。交換関係の式には、虚数単位 i という通常の物理法則には含まれない量が現れる。古典論の式で i が現れるのは、交流回路理論のような振動するシステムを扱う場合であり、複素数が振動現象を表すのに便利な数であることから使用されただけである。量子論の場合も、位置と運動量が1つの振動から導かれる量であるとすれば、交換関係に i が現れる理由も腑に落ちる。この場合、交換関係はもはや原理ではなく、根底にある振動現象の性質から導かれるはずである。

　交換関係が原理でないとすると、量子論はどのように構築されるのか？　また、その場合、不確定性関係は何を意味することになるのだろうか？　実は、交換関係を原理と見なさない量子論はすでに開発されている。それが**経路積分法**であり、演算子を用いた代数的な行列力学とは異なり、波動をベースにしたイメージしやすい手法である。さらに、経路積分法に基づいて不確定性を解釈すると、行列力学とは異なる見方が可能になる。

経路積分の考え方

　演算子を用い交換関係を原理とする行列力学が、数学的に厳密で完璧とも言える理論体系であることは、間違いない。しかし、交換関係を議論の出発点となる原理とし、実験・観測に裏付けられない物理過程については何も語らないという方法論は、物理現象の直観的な理解を妨げ、異様なほどのわかりにくさをもたらす。電子が波だというシュレディンガーの描像は、事実ならばきわめてわかりやすいが、シュレディンガーの考案した波動関数は、原子などに束縛されていない電子の場合、拡散して粒子性を維持できないため、そのままでは使えない。そこで、行列力学と同等の内容を持ちながら波動描像を明確にした量子論を構築しようとする試みが行われた。この試みは、ディラックのアイデアをファインマンが発展させた経路積分法という形で、1940年代後半に実現される（経路積分については、拙著『素粒子論はなぜわかりにくいのか』（技術評論社）でも解説したので、ここでは、要点だけをまとめることにする）。

　経路積分とは何かを理解するためには、幾何光学と古典論（ニュートン力学）、波動光学と量子論を対応させて考えるとわかりやすい。

　幾何光学では、「光は光学的距離（＝屈折率と幾何学的距離の積を微小区間ごとに求めて加えあわせたもの）が最小になる

経路を進む」というフェルマーの原理が前提となる。屈折率が一定の媒質中では、直線が最短経路なので、光は直進する。幾何光学の範囲では、フェルマーの原理は議論の出発点であって、他の法則から導けるものではない。しかし、光を波と見なす波動光学の立場を取り、ホイヘンスの原理を採用すると、フェルマーの原理を導くことが可能になる。

媒質中のある地点から経路 C に沿って測った光学的距離を $l\,[\mathrm{C}]$ と書くと、この経路に沿って伝わる振動数 ν の波は、次の振動因子に振幅を乗じた正弦波の重ね合わせとして表される。

$$\sin\{2\pi\nu(l\,[\mathrm{C}]/c - t)\} \tag{5.5}$$

屈折率 n が一定の媒質中では、光学的距離 $l\,[\mathrm{C}]$ は n と幾何学的な長さの積なので、経路の出発点を原点とする経路に沿った座標を x と書くと、$l\,[\mathrm{C}]$ は nx に等しい。また、媒質中の光速は c/n になるので、振動数 ν の光の波長 $\lambda = c/\nu n$ である。この場合、(5.5) 式は、

$$\sin\{2\pi(x/\lambda - \nu t)\}$$

という良く知られた正弦波の式と一致する。三角関数を、第3章で説明した指数が純虚数の指数関数（実部・虚部がそれぞれ三角関数なので、現実の物理量は、その実部ないし虚部だけとなる）で置き換え、振動数 ν を一定として全ての波に共通す

る $2\pi\nu t$ の項を除くと、(5.5) 式は、次の形になる。

$$\exp\left(i2\pi\nu l\,[\mathrm{C}]/c\right) \tag{5.6}$$

　ホイヘンスの原理とは、光が到達した地点から素元波がさまざまな方向に伝わっていくという主張である。こうした素元波がCという経路を辿ってある地点に到達したときの振動因子は、(5.6) 式で与えられる。ところが、経路がCからわずかにずれて $\mathrm{C}+\delta\mathrm{C}$ になったときに、$\delta\mathrm{C}$ をどのように選ぶかに応じて光学的距離 $l\,[\mathrm{C}]$ が増えたり減ったりすると、(5.6) 式の因子は振動し正にも負にもなるため、$\delta\mathrm{C}$ の異なる素元波同士が干渉によって打ち消しあう。こうした打ち消しあいが生じないのは、$l\,[\mathrm{C}]$ が最小値になる場合（一般的には、極値になる場合）である。つまり、光学的距離が最小になる経路以外では素元波が打ち消しあい、最短経路とその近傍の経路を辿る素元波だけが大きな寄与をもたらす。この過程が、フェルマーの原理の起源である。ただし、幾何光学では、光は光学的距離が最小となる最短経路だけを伝わっていくが、波動光学では、干渉による打ち消しあいが完全ではなく、消え残った波が最短経路の周辺にわずかに拡がって存在する。

　ここまでは光学の議論だが、これを、粒子の力学における古典論と量子論の関係に応用したのが、経路積分法による量子化である。ニュートン力学は、運動方程式によってただ1つの経路だけが実現される点で、幾何光学と似ている（力学の場合の

「経路」は、単に道筋だけではなく、どのような速度で道筋を辿るかも指定する）。解析力学（第3章）に基づく定式化を行うと、こうした経路は、経路Cに対する**作用** $S[C]$（**作用積分**とも呼ばれる）が最小になる経路であることが示される。作用 $S[C]$ とは、経路Cを辿る仮想的な（ニュートン力学では実現されない）粒子の運動に関して定義される量で、粒子が保存力（重力や弾性力のように位置エネルギーから導ける力）によって運動する場合、$S[C]$ は、運動エネルギーと位置エネルギーの（全力学的エネルギーのような和ではなく）差を経路Cに沿って積分したものとなる。ニュートン力学では、作用 $S[C]$ が最小になるような経路を辿る運動が実現されるが、これを、**最小作用の原理**という。最小作用の原理が、幾何光学におけるフェルマーの原理と似ていることは明らかだろう。

経路積分法によって量子論を定義する場合、ホイヘンスの原理における素元波に相当するものは、(5.6) 式における光学的距離 $l[C]$ を力学的な作用 $S[C]$ に置き換え、適切な係数を加えた形になる。式で表せば、次のように表される。

$$\exp(i2\pi S[C]/h) \tag{5.7}$$

ただし、h はプランク定数である。振動数（光波では ν）が一定の波ではないので、実際に計算するのは、かなり難しい。

「経路積分」という呼称は、さまざまな経路の寄与を加えあわせる（式の上では、経路を積分する）ことに由来する。量子

論における経路積分では、光の伝播で光学的距離 l [C] が最小になる経路が打ち消されないのと同様に、作用 S [C] が最小になりニュートン力学の運動方程式を満たす経路の寄与が大きくなる。また、波動光学で幾何光学の経路をはみだす部分が存在するのと同じく、運動方程式を満たさない経路も物理現象に影響を及ぼす。

経路積分法によって粒子の量子論を定式化すると、シュレディンガーの波動力学と同等の結果をもたらすことが知られている(興味のある人は、ファインマン=ヒッブス著『量子力学と経路積分』(みすず書房、1995)などの専門書を読んでいただきたい)。したがって、実験の予測などの実用的な側面だけ見ると、行列力学とも同等だと言える。しかし、経路積分の考え方は、行列力学(正準量子化による量子論と言っても良い)とは大きく異なっている。

経路積分法に基づく不確定性の解釈

行列力学の方法論に従う限り、観測していないときの対象の状態については何も言えない。これに対して、経路積分では、観測していないときの物理的状態が、さまざまな経路の加えあわせとして具体的に記述されている。粒子が地点Aから地点Bまで移動する場合、最も大きな寄与を与えるのは、ニュートン力学の運動方程式に従う経路で、これは、古典解と呼ばれる

(**図 5-3**)。量子論では、ニュートン力学のように古典解が唯一の可能な経路というわけではなく、その周囲の経路も物理現象に寄与する。ただし、古典解から離れるほど、わずかに異なる経路同士の打ち消しあいが顕著になり、寄与は小さくなる。したがって、古典解の周囲に、比較的小さな量子論的な揺らぎ—**量子揺らぎ**—が存在するものと見なすことができる。

物理量の不確定性は、経路積分のイメージを使うと、直観的に理解することができる。ただ一つの経路を辿るのではなく、古典解の周囲にいくつもの経路が加え合わされており、それに伴って、位置や運動量の値は確定せずに拡がったものとなる。こうした不確定性は、測定を行わないときにも存在するので、ハイゼンベルクが想定した誤差と擾乱ではない。また、ブラウン運動に見られるようなランダムな揺らぎではなく、波動の法

図 5-3　経路積分における経路の拡がり

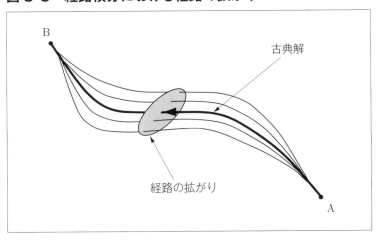

則に従って生じるものである。

　粒子が外力を受けながら運動するケースを経路積分法で扱うと、ニュートン力学での軌道となる古典解の周囲に、位置と運動量の不確定性に相当する量子揺らぎが存在する状態となり、近似的にニュートン力学が成り立つことを示す。しかし、バネに取り付けられたおもりの振動のように、ある領域に閉じ込められた粒子の運動を考えると、ニュートン力学とは全く異なった結果を与える。

　光の場合、空洞共振器に閉じ込められた電磁波は、内部で定在波を形成することが知られている。これは、空洞共振器の内壁で反射された波が干渉しあって、共鳴条件を満たす定在波だけが生き残るためである。同じように、バネに取り付けられたおもりの経路積分を考えると、波が振動中心から遠ざかれないので、中心付近に集中した（ホイヘンスの原理で謂うところの）素元波が干渉しあい、共鳴パターンとなる定在波が形成される。この定在波によるエネルギーがエネルギー量子 $h\nu$ の整数倍となるので、あたかもエネルギーの塊が存在するように見える。エネルギー量子の個数に相当する量子数は、定在波の節の数に等しい。

　場の理論では、バネと同じような振動があらゆる地点で生じ、波として周囲に伝播する。したがって、場の波動に対する作用 S を用いることで、場の量子論を経路積分法で定式化することが可能になる（きちんと説明するには式で示すべきなのだが、

容易に想像されるように、この式は、高等数学を知らない人には暗号に見えるほど複雑になる）。このとき、場の振動をバネの振動と同様に扱えば、経路積分の素元波は、それぞれの地点で定在波を形成する。これが、第4章図4-2に示した状況である。バネに取り付けられたおもりの位置が量子揺らぎによって不確定になるのと同じように、場の量子論では、場の値（場の強度）が量子揺らぎによって確定せず、波動関数で表される"拡がった"ものとなる。さらに、定在波をもとに定義される量子数は、場を伝って移動するエネルギー量子の個数を表す。このエネルギー量子が、光子や電子のような素粒子である。

　こうした直観的な議論に対して、いろいろな批判がある。最も本質的なものは、果たして、経路積分法で扱われる素元波がリアルな波なのか、単に計算のテクニックとして利用される数学的な虚構ではないのか——という批判だろう。経路積分法は、ニュートン力学などと異なり、「最初の状態が与えられれば、その後の運動が方程式に従って完全に決定される」という決定論ではない。図5-3で言えば、到達点Bをあらかじめ定めておき、AからBに至るさまざまな経路を足しあげているのであって、Aにあった粒子がどこに向かって動いていくかを予測することはできない。到達点Bを固定せず、到達点の位置 q を動かすと、さまざまな経路を足しあげた総和は、（係数を別にして）シュレディンガーの波動関数 $\Psi(q)$ になる。したがって、経路積分法とは、物理的な状態がどのように変動するかを

明らかにする理論と言うよりは、単に、波動関数を計算するための形式的な手法であり、そこに現れる波がリアルなわけではないという見方をする人もいる。

　こうした批判に対しては、経路積分法がまだ未完成だと反論するしかない。現行の経路積分法では、(5.7) 式で表される素元波を、全て同じように（波ごとに異なる係数を付けることをせずに）足しあげるという手法を採っている。この手法だと、「粒子がどこに向かって動くか」といった具体的な運動を特定することはできない。しかし、素元波を足しあげる際に、最初の状態に応じて波ごとに係数を変えるようにすれば、具体的な時間変化を記述することが可能になるかもしれない。こうした改変は、「ポスト量子論」を構築することに相当する。量子論は、1925年に行列力学として完成を見てから、1世紀近くにわたって物理学の基礎理論としての地位を維持してきたが、そろそろ次の段階を目指しても良い頃ではないかと思われる。

揺らぎの拡がりとしての不確定性

　本章で強調したいのは、量子論の不確定性が、測定における誤差や擾乱でも、ブラウン運動のようにフラフラする揺動でもなく、量子揺らぎが拡がって存在することの現れだという見方である。経路積分法によれば、この拡がりは、さまざまな素元波が伝播する際、干渉で完全に打ち消されずに残る波があるこ

とに由来する。

　おもりをバネに取り付けた振動子の場合、おもりが振動する領域に量子揺らぎが拡がり、その結果としておもりの位置が不確定になる。それでは、場の振動では、量子揺らぎはどこに拡がっているのだろうか？

　例えば、電磁場の振動は、x, y, z の 3 つの座標で表される 3 次元空間の中で起きるわけではない。エーテルと呼ばれる媒質が空間の中で運動することで光の伝播を含む電磁気現象が生じるというアイデアは、19 世紀には真剣に検討されたが、地球の公転に伴う"エーテルの風"が観測されないなどの理由で、20 世紀初頭に完全に否定された。古典論の範囲では、電場・磁場の強度が時間と空間の座標の関数になるという形で表せば、「振動はどこで起きるのか」などと悩む必要はない。ちょうど、パソコンのモニターで画素の輝度が強くなったり弱くなったりするのと同じように、ある地点の場の強度が変動するだけである。しかし、量子論になると、場の値が不確定になるので、場の振動がどこで起き、量子揺らぎがどこに拡がっているかを考えなければならない。

　現在の素粒子論では、ゲージ理論と呼ばれる理論形式が採用されている。この理論によると、場は、数学的な抽象空間（SU(3)のような群論の用語で表記される空間）で値が定義される。したがって、経路積分法における素元波は、この空間に拡がっていると考えれば、わかりやすい。ゲージ理論で用いられる抽象

空間は、x, y, z という空間座標で表される 3 次元空間とは別物であり、形式的には、3 次元空間のあらゆる地点ごとに微小な空間が内在していることになる。第 4 章図 4-2 に示した $\phi(x)$ という座標軸は、場の値が定義される"内部空間"の座標である。**量子論的な場は、この内部空間に拡がることで不確定性を示す**と言って良いだろう。

混乱する解釈

第6章

現行の量子論がわかりにくい理由の一つは、何が起きるかを具体的に記述しないことだろう。行列力学の方法論によれば、物理学における基礎理論の目的は、物理的な実体の解明ではなく、実験・観測によって得られるデータ間の関係を明らかにすることだとされる。波動関数やシュレディンガー方程式は、この目的を遂行するための手段にすぎず、実際の物理的な状態を明らかにするには、古典論によって記述できる観測を行わなければならない。こうした方法論のせいで、具体的な物理現象を量子論で扱おうとすると、シュレディンガー方程式に従って波動関数が滑らかに変化する（しかし、何が起きているか良くわからない）物理的過程と、物理量の値などが判明する（しかし、量子論の方程式に従わない）観測過程という二つの段階を想定しなければならない。

　このように、理論内部に二種類の異質な過程が想定されることは、基礎的な理論には相応しくないようにも思える。また、現実に生起する出来事の中には、一連の過程の途中に量子論的な効果が含まれるケースも少なくない。第1章でも取り上げた、量子効果を応用したデバイスを組み込んだ装置の動作などは、その典型例である。あるいは、動物の視覚を物理学的に説明しようとすると、網膜に光が入射することから始まり、光反応による光受容タンパク質の構造変化、それが引き起こす神経細胞の膜電位変化といった一連の過程を考察することになるが、この過程では、光の入射と神経興奮の伝達という古典論の範囲で

理解できるインプット／アウトプットの間に、タンパク質の構造変化という量子論的な効果が挟まれる。量子効果を記述するためには観測が必須だというのでは、客観的な視覚理論は作れない。このように、中間に量子論的な現象を含む一連の過程を客観的に記述するには、どうしたら良いのだろうか？

　現在では、こうした過程を量子論で一貫して記述する手法が開発されている。これは、一連の過程を量子論的な《**歴史 (history)**》としてトータルに捉えるというもので、鍵となるのが**デコヒーレンス**（脱干渉）という考え方である。ただし、この手法に対する評価は定まっておらず、行列力学の方法論に反することもあって、多くの批判に曝されている。本書では、まず、行列力学の方法論に忠実なノイマンによる観測の理論を紹介した後、デコヒーレンスに基づく手法を解説し、さらに、その対抗馬と言える多世界解釈についても触れる。残念ながら、大半の物理学者が合意する手法は、いまだに確立されていない。

ノイマンによる観測の理論

　量子論で記述される過程に二種類あるという考え方を数学的に明確にしたのが、ノイマンの著書『量子力学の数学的基礎』である。1932年に出版されたこの本は、ヒルベルト空間（次元数が無限になる抽象的な空間）のベクトルと演算子を用いて量子論を定式化する方法を詳述したものだが、そこでノイマン

は、(主にエントロピーの増大がどのようにして起きるかという興味から)量子論における変化を二つに分類した。1つは、シュレディンガー方程式に従う滑らかで可逆的な(時間の向きを逆転しても同じ方程式に従う)時間変化。もう1つは、観察や測定を行って物理的状態に関する情報を得る過程—以下では、この過程を総称して**観測**と呼ぶ—で、その際、波動関数が不連続かつ非因果的に変化するとされる。原子などに束縛されていない自由電子が運動する場合、ある場所に存在することが確認された状態を初期条件としてシュレディンガー方程式を解くと、最初に1点に集中していた波動関数が、時間とともに際限なく拡がっていく。しかる後、この電子の位置を(スクリーン上に電子が到達したことを示す輝点を見ることなどで)観測すると、波動関数は観測された位置に"収縮"する(**図 6-1**；図では、電子ビームをスリットで絞るように描いたが、原子から電子が放出される場合は、電子の位置は最初から絞られている)。

ノイマンは、観測過程における不連続変化を記述するに当たって、射影演算子と呼ばれるものを利用し、シュレディンガー方程式に従って連続的に変化してきた状態が、測定が行われるきわめて短い時間の間に、射影演算子を作用させた状態に飛び移ると主張した。さらに、この射影演算子を使った計算によって、測定される物理量の統計的な期待値も求められる。このように、観測過程が射影演算子で表されるという考え方を、射影

図6-1 量子論における2つの変化

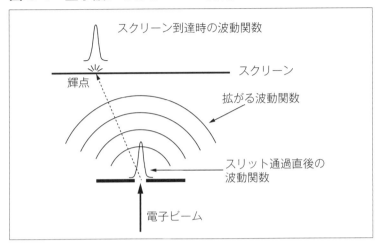

仮説という(射影仮説についてのきちんとした説明は、学部レベルの量子論の教科書、例えば、清水明著『量子論の基礎』(サイエンス社)などに譲る)。

　この定式化は曖昧さがなく明確で、しかも、「ダイナミカルな変動ではなく状態間の遷移規則を記述する」という行列力学の方法論に完全に適合している。このため、量子論研究者の間で、理論と実験を結びつける標準的な処方箋として受け容れられた。しかし、射影仮説に基づく観測の定式化は、あくまで議論を数学的に明確にするための便法であって、観測という物理的な過程を具体的に表すものとは考えにくい。ノイマンが著書を執筆した時点では、量子論はまだ原子レベルの現象に適用されるだけで、その効果が人間の感覚で直接捉えられることは想

定されていなかったが、現在では、身の回りの至る所に量子効果が現れ、日常的に観測を行っていることが判明した。そうした観測に、ノイマンの議論を適用することは難しい。

　例えば、高校化学でも習う滴定実験を考えてみよう。化学物質の中には、pHや溶質の濃度によって、溶液の色が大きく変化するものがある。フェノールフタレインの場合、pHが8〜10程度で変化が生じ、酸性側では無色、塩基性側では赤紫色になるが、これは、水素イオンの着脱に伴って化学構造とエネルギー準位が変化することに起因する量子論的な効果である。中和滴定を行う場合は、濃度既知の標準溶液に濃度不明の試料を滴下し、色が変わるまでに投入した試料の体積を測定することで、濃度を求める。教科書などには、最後の1滴を垂らしたときに急激に色が変わると記載されているが、実際には、その直前の滴でも、濃度に揺らぎがあるためにチラチラと部分的に色が変化する。量子効果である色の変化を見ることで臨界点が近いという情報を得るわけだから、これも立派な量子論的観測なのだが、色がチラチラと変わるダイナミックな変化に対して、射影仮説を当てはめることはできそうもない。

量子論的な《歴史》

　量子論における変化を、シュレディンガー方程式に従う滑らかな過程と観測に伴う不連続過程の二つに分けるノイマン流の

やり方は、（滴定実験のような）量子効果を部分的に含む一連の過程に適用するのが困難である。こうした過程に対しては、「量子論的な現象を記述するためには、不連続変化を伴う観測が必須だ」という考え方を捨て、観測による中断を挟まない一つのまとまった過程として全体を扱う手法が必要となる。その中で最も良く知られているのが量子論的な《歴史》を考える手法で、1970〜80年代に、グリフィス、オムネス、ゲルマンとハートルらによって開発された。

　量子論の標準的な解釈によれば、シュレディンガー方程式に従う波動関数は確率を求めるための数学的な手段でしかなく、実際に何が起きているかを表すものではない。量子論を使って計算できるのは、「ある物理量が特定の値を持つ」といった観測結果が得られる確率だけであり、ニュートン力学やマクスウェル電磁気学のように、最初の状態から逐次的に何が起きるかを決定することはできない。量子論は、法則的（あるいは因果的）決定論ではないのである。したがって、**量子論的な《歴史》は、最初の状態（始状態）に加えて最後に到達する状態（終状態）もあらかじめ定めておき、始状態から終状態に至る過程として表さなければならない。量子論を使って計算できるのは、始状態が与えられたときに、この《歴史》が実現される確率である。**

　図 6-1 の実験で、量子論的な《歴史》がどうなるかを説明しよう。

波動関数を用いたオーソドックスな手法では、一定の運動量を持った入射電子の状態を始状態とし、シュレディンガー方程式を解いてスクリーン上での波動関数を求める。スクリーンの手前で大きく拡がっていた波動関数は、スクリーンのある地点に電子が到達したことが観測された瞬間に、シュレディンガー方程式では記述できない不連続変化として収縮する。

　こうしたオーソドックスな手法に対して、量子論的な《歴史》を考える場合は、入射電子がスクリーン上のある地点に到達するまでを1つの過程として、**遷移振幅**で表す。遷移振幅とは、ある始状態（図6-1の実験ならば、一定の運動量を持つ電子の状態）から始まって、特定の終状態（同じく、スクリーンに電子が到達した状態）に至る過程の確率振幅（絶対値を二乗すると確率になる量）を表す量で、素粒子論では、素粒子同士の散乱を考える場合が多いため、散乱振幅（あるいは、散乱行列ないしS行列）と呼ばれる（定義に多少の差がある）。

　遷移振幅は、第5章で紹介した経路積分を使って表すとわかりやすい。始状態から終状態に至るさまざまな経路を考え、各経路Cに対する作用積分 $S[C]$ の定数倍を位相とする波

$$\exp(iS[C] \times (定数))$$

の寄与を足しあわせると、遷移振幅が得られる。さらに、終状態を「そこで物理現象が終わる状態」と考えず、次の現象につながる中間状態と見なすことも可能である。こうすれば、それ

以降の事態を含む一連の現象をまとめて、一つの《歴史》として扱うことができる。

　《歴史》という表現を用いたが、遷移振幅は、現実の状態変化と言うよりも、むしろ、二つの状態の結び付きがどれほど強いかを表す量だと考える方が、納得しやすいだろう。遷移振幅の絶対値が大きいほど始状態と終状態の結び付きが強く、始状態から終状態に至る過程が実現されやすいので、結果的に、その二乗が遷移確率に等しくなる。

　経路積分法による計算は、数式の上では、波動関数を用いた計算と同じ結果を与える。このため、量子論的な《歴史》の中には、波動関数の収縮に相当する経路も含まれる。例えば、スクリーン上のある地点に電子が到達する場合、そこから遠く隔たった地点に近づいた後に、急カーブを描いて到達地点に至る経路も足しあわされることになる（**図6-2**）。こうした経路が、ノイマン流の観測理論において、いったん拡がった波動関数が

図6-2　経路積分で表した《歴史》

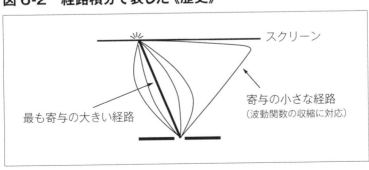

観測によって収縮する過程に対応する。波動力学の考え方によると、こうした収縮の過程はシュレディンガー方程式に従っておらず、非因果的に起きるとしか言えない。これに対して、経路積分法では、急カーブを描くものも足しあわせる無数の経路の一つであり、その寄与がきわめて小さいために物理的な影響をほとんど及ぼさないことになる。自由電子ならば、寄与が最も大きいのは、出発地点と到達地点を等速直線運動で結ぶ経路である。

ここまでの議論だけでは、スクリーンの異なる地点に電子が到達する過程が、互いに両立し得ない「別個の歴史」を表すかどうか、明らかでない。ノイマン流の定式化では、人間が観測結果を認識することによって、別の歴史であることが確定する。しかし、人間による観測を含まない定式化では、どのようにして別の歴史であることを保証するかが問題となる。

改めて考えなければならないのは、「人間抜きの観測が何を意味するか」である。人間が観測することのない観測装置は、量子論的な《歴史》にどのような影響を及ぼすのか？　この問題に答えるためには、観測装置の実際の動作を物理学的に考察しなければならない。そこで、電子が到達した地点を示す観測装置として、スクリーンの代わりに、第5章でも紹介した霧箱を使うことにして、電子が到達したときに何が起きるかを考えてみよう。

霧箱における観測の理論

　霧箱に高エネルギー荷電粒子が進入すると、飛跡を表すように点々と水滴が形成される（第5章図5-1）。このとき、磁場を加えておくと、荷電粒子はローレンツ力によって運動の向きが曲げられるが、その曲率から運動量が測定できる。気体分子との相互作用によって荷電粒子がエネルギーを失う場合は、曲率がしだいに大きくなって飛跡はらせん形になるので、各地点での局所的な曲率を測定することで、運動量の変化が求められる。したがって、霧箱は、荷電粒子の位置と運動量を逐次的に同時測定する観測装置である。量子論の教科書には、不確定性関係があるため位置と運動量の同時測定は不可能だと書かれていることがあるが、これは、あくまで精密な測定ができないという意味であって、霧箱のように不確定性関係を破らない程度の不確かさが生じる装置を使えば、位置と運動量が同時にわかる。

　素粒子実験を行う場合、霧箱などを使って観測を行うが、このとき、飛跡を残しながら飛んでいる素粒子が、途中で崩壊して別の素粒子となることもある。こうした素粒子の崩壊については、場の量子論を用いて、「ある崩壊のモードがどんな割合で生じるか」を表す分岐比を計算できる。したがって、飛跡をもとに位置と運動量が逐次的に測定される途中で、量子論に

よって記述される反応が起きることになる。これも、滑らかな時間変化と不連続な観測過程を分けるノイマン流のやり方が適用できない例である。

　霧箱の内部に線状に並んだ水滴が形成されたときには、その近傍を放射線が通過したと考えて良い。したがって、図 6-1 の実験で、電子が自由に透過できる側壁を持った幅の狭い霧箱をスクリーンの位置に設置すれば、内部に生じた水滴の位置によって、電子がどこに到達したかがわかる。ここで重要なのは、霧箱を設置したときの遷移確率を求める際に、電子の波動関数だけを考えたのでは不十分だという点である。

　水滴が生じるのは、荷電粒子によって空気の分子がイオン化され、プラス極・マイナス極を持つ水分子がその電荷に引かれて集まり凝結するからである。荷電粒子によるイオン化や電気的相互作用で水分子が集まる過程は、原子スケールの現象であり、シュレディンガー方程式によって記述される。その後の水滴が成長する過程は、かなり多くの分子を含むメソスコピックな（＝ミクロとマクロの中間段階にある）現象で、厳密に方程式を解くことは難しいが、理論的には、多体系における量子論的な現象と解釈できる。したがって、量子論的な《歴史》を考える際には、電子だけではなく、水分子（あるいは、水分子を構成するイオンと電子）の波動関数も考慮しなければならない。

　電子が到達する地点が異なると、形成される水滴の場所も異

なる。水分子の波動関数の形は、水滴に含まれるものと空中を運動するものでは全く違うため、異なった場所で水滴が凝結する状態は、互いに「量子論的な干渉」を行わないという性質がある。この性質を利用して、霧箱内部で異なる場所に水滴が生じる過程は、人間が観測しなくても「別個の歴史」として扱えることが示される。

　このことを説明するためには、まず、「量子論的な干渉」が何を意味するかを述べておく必要がある。そこで、図6-1の電子の運動がスクリーンで終わらず、スクリーンに開けられた二つのスリットを通して続くケースを想定し、この二重スリットを用いた実験でどのような干渉が起きるかを見ていこう。

二重スリット実験とデコヒーレンス

　二重スリット実験は、もともと19世紀初頭にヤングが光の波動性を示すために行ったもので、同一光源からの光を二重スリットを通してスクリーンに投射すると、濃淡の干渉縞が生じることを示す。これと同じタイプの実験が電子でも可能なことは、電子ビームの回折実験が行われた1920年代から予想されていたが、実際に行われたのは20世紀後半になってからである（次ページ**図6-3**：図ではスリットを描いたが、電子を用いた実験では、二重スリットの代わりに並んだ原子などによる散乱が利用される）。こうした干渉は、ビームに含まれる電子同士

の相互作用によるものではない。実際、電子ビームの密度を低くして電子を1個ずつ照射し、スクリーンに到達した電子の個数を集計しても、濃淡の干渉縞に相当する集計結果が得られる。

図 6-1 の実験で、スクリーンで電子を捉えることをせず、スリットを開けて電子を通し、背後に置かれた別のスクリーンまで運動させると、二重スリット実験と同じセットアップになるので、電子が最後に到達するスクリーン上に濃淡の干渉縞が生じる。ところが、スリットのすぐ後ろに霧箱を設置して電子がどちらのスリットを通ったかがわかるようにすると、この干渉縞が消失し、到達した電子の集計結果は、それぞれのスリット

図 6-3　二重スリット実験における干渉

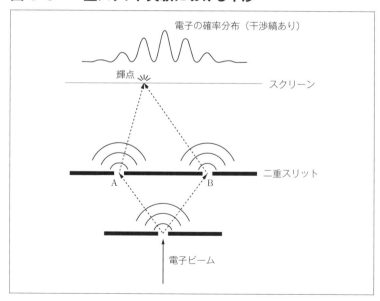

から電子が飛来するときの和として表されることが知られている（図6-4）。このような変化がなぜ起きるかは、霧箱における状態変化によって説明できる（以下では、話を簡単にするため、スリットを通り抜けた電子は、霧箱内部に必ず水滴を形成すると仮定する）。

　スリットの背後に霧箱を置かず、電子がどちらのスリットを通ったかわからないようなセットアップのときは、電子の入射する状態が始状態で、スリットAまたはBを通るという中間状態を経て、スクリーン上の特定の地点に到達する状態が終状態となる遷移振幅を考えることになる。経路積分を考えると、スリットA、スリットBそれぞれを通る経路の波が重なり、光波と同じように相互に干渉しあうため、スクリーンに到達する電子によって濃淡の縞が生じる。

図 6-4　電子が通過したスリットを特定する実験

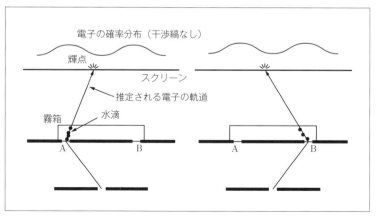

こうした干渉が生じる場合は、電子がスリットAを通った《歴史》とスリットBを通った《歴史》を分けることができない。両者は互いに干渉しあうことで干渉縞を形成する単一の物理的な過程であり、一体化していて分離不可能である。

　これに対して、スリットの背後に霧箱を設置すると、どちらのスリットを通過したかによって、水分子の状態が大きく変化する。遷移振幅は始状態から終状態までの過程を表すものなので、水の凝結がある場合は、終状態として水滴がどこにできるかを指定しなければならない。電子がスリットBを通過するときにはスリットBの背後にしか水滴が形成されないので、この経路は、スリットAの背後に水滴がある状態を終状態とする遷移振幅に寄与できない。したがって、経路積分を行う場合は、電子がスリットAを通る経路だけを足しあわせることになり、2つのスリットから来る波が必要な干渉縞は生じない（厳密に言えば、スリットの背後のさまざまな場所に水滴が形成される全てのケースを包含するために、水滴の位置に関する可能な状態について全て足しあわせる作業が必要になる。こうした作業を行うためには、遷移振幅ではなく、その絶対値の二乗を考える必要があるが、やや専門的な議論になるため、本書では扱わない）。霧箱を設置した二重スリット実験では、電子がそれぞれのスリットを通過する過程が干渉しなくなる。これと同じように、一般に2つの過程が**互いに量子論的な干渉をしなくなることを、デコヒーレンス（脱干渉）**という。デコヒー

レンスが起きる過程の終状態を中間状態に読み替えると、それ以後の過程を含む《歴史》を表せるが、**ひとたびデコヒーレンスが起きて干渉しなくなった2つの過程は、以後の過程を付け加えてももはや互いに干渉することがないので、別個の《歴史》と見なしてかまわない。**

デコヒーレンスに基づく《歴史》記述

　前節で述べた二重スリット実験で、電子が異なるスリットを通過する過程が互いにデコヒーレント（＝デコヒーレンスの形容詞形）になるのは、スリットの背後に霧箱という観測装置を設置した結果である。この議論に、人間が観測を行うという過程がいっさい含まれないことに注意してほしい。デコヒーレンスが実現されたのは、人間が観測した結果ではなく、観測装置の物理的な振る舞いによってである。一般的に言って、観測装置は、人間に識別できる状態を実現するものである。具体的には、異なる場所に水滴ができる、メーターの針が特定の位置に止まる、溶液の色を変える化合物を生成する——といった状態を作り出す。人間に識別できる状態の間では、構成要素の波動関数が重ならないため、干渉が生じない。これが、観測装置が作動することによってデコヒーレンスが起きる理由である。

　観測装置がなくても、途中の物理的な状態変化によってデコヒーレンスが起きるならば、それ以降は、デコヒーレントになっ

た状態を経由する別個の《歴史》として扱われる。動物の視覚のケースを取り上げよう。光が網膜に入射してから神経細胞の興奮が出力されるまでの中間段階で、光受容タンパク質の構造変化という量子論的な状態変化が起きる。例えば、光受容タンパク質の一種であるロドプシンの場合、オプシンに結合したビタミンAの一種レチナールの立体構造が、折り畳まれたシス型から伸びたトランス型へと変化する。この変化によって原子の相対的な位置とエネルギー準位が変わるので、シス型とトランス型の間で量子論的な干渉が生じることはない。これは、観測装置が作動したのと同じことなので、あるロドプシンがシス型・トランス型のどちらかである《歴史》を別個に考えることができる。

　途中でデコヒーレントな状態を経由するため、量子効果を含む一連の過程を客観的に記述できるケースは、他にも無数にある。1個の電子を捕捉したか否かで異なった動作を引き起こす単電子トランジスタでは、電子の有無で区別される二つの状態が（ポテンシャル障壁が充分に高ければ）干渉しないので、電子がどのように移動していくかを逐次的に記述できる。滴定実験の途中で溶液の色がチラチラと変わるのは、分子がエネルギー準位の異なる（すなわち、デコヒーレントな）状態に変化しては元に戻る過程が断続的に起きているからと考えて、何の問題もない。超伝導磁石によって浮上するリニアモーターカーの場合、超伝導状態になるかどうかは、ボース＝アインシュタ

イン凝縮という（水の凝結にも似た）量子論的な状態変化に起因するので、超伝導状態と常伝導状態は干渉しない。したがって、冷却された物質が超伝導状態になり、磁気的な反発力を生み出してリニアモーターカーが浮上、走行を始めるという一連の過程が、量子論的な《歴史》となる。

　化学変化によって移り変わる二つの状態は、多くの場合、干渉しないと見なされるが、例外もある。良く知られているのが、ベンゼン環における炭素同士の結合である。古い考え方では、単結合と二重結合の現れ方に二種類あり、互いに化学変化で頻繁に入れ替わるとされていた（**図 6-5**（1））。しかし、現在では、この二つの状態は量子論的な干渉によって実質的に1つの状態となり、6つの炭素結合は全て同等とされる。このため、ベンゼン環は図 6-5（2）のように表記するのが一般的となっており、二つのタイプのベンゼン環が化学変化で入れ替わるという《歴史》を考えることはできない。

図 6-5　ベンゼン環の化学構造

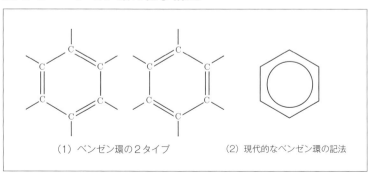

(1) ベンゼン環の2タイプ　　　(2) 現代的なベンゼン環の記法

ノイマン流の観測の理論によると、量子論的な現象で実際に何が起きているかを確定するには、必ず観測を行わなければならない。しかも、観測過程はシュレディンガー方程式に従わないとされるので、そのたびに量子論が適用できる過程が寸断されてしまう。これに対して、量子論的な《歴史》を考える場合には、人間による観測を間に挟む必要はない。霧箱を設置した二重スリット実験ならば、「電子がスリットA（またはスリットB）を通過し、背後の霧箱内部に水滴を形成した後、スクリーンの特定の地点に到達する《歴史》が実現される確率が何パーセント」というように、人間による観測を含めずに記述できる。これは、量子論に対する一つの解釈と言っても良いだろう。この解釈に対する決まった呼び名はないが、デコヒーレンスが実現されることを前提とした解釈なので、**デコヒーレンス解釈**と呼ぶことにしよう。

　ノイマンは、観測装置が作動しただけでなく、人間による観測行為が加わって、はじめて物理的な状態が確定すると考えたが、デコヒーレンス解釈によれば、人間の観測がなくてもかまわない（視覚における光受容タンパク質の構造変化のように、人間による観測過程そのものを量子論的に扱うこともできる）。必要なのは、デコヒーレンスを引き起こす物理的な過程である。人間に識別できる結果をもたらす観測装置が作動すれば、確実にデコヒーレンスが実現されるが、それだけでなく、エネルギー準位の異なる状態に遷移する化学変化だけでも、デコヒーレン

スが起きると考えられる。生体高分子の化学反応でデコヒーレンスが起きるので、デコヒーレンス解釈では、人間であろうと（シュレディンガーが比喩として挙げた）猫であろうと、生物は全て単一の《歴史》を生きており、いくつもの量子論的な可能性が重なっているとは見なされない。

　デコヒーレンス解釈は、量子論的な過程をシュレディンガー方程式に従う過程と観測過程に分けることなく、一貫した過程として記述できるという点で、物理現象が単一の法則に従う客観的な出来事であるというわかりやすい自然観に適合する。ただし、本章の冒頭にも記したように、まだ正統的解釈として定着したとは言えず、さまざまな批判が浴びせられている。

デコヒーレンスの不完全さと多世界解釈

　デコヒーレンス解釈が受け容れられにくい一つの理由が、数学的に厳密でないことである。二重スリット実験で説明しよう。

　この実験では、スリットの背後に霧箱を設置すると干渉縞が消失する。そこで、この結果を一般化して、どちらを通ったか識別できるような観測装置を作動させれば、どんな場合でもデコヒーレンスが起きて干渉縞が消失すると主張したくなる。しかし、この主張は、必ずしも正しくない。

　電子の二重スリット実験では、通常、電子を散乱させるのに原子が用いられる。原子は電子の数千倍以上の質量を持つので、

電子から運動量を受け取ることで起きる反跳は、わずかしかない。しかし、電子よりも遥かに質量の大きな粒子を原子で散乱させる場合は、散乱の際に受け取る運動量はかなり大きくなり、その結果として、粒子を散乱させた原子は運動し始める。この運動が観測できれば、どちらの原子で散乱されたかがわかることになるが、そのとき、量子論的な干渉はどうなるのだろうか？

　この実験は、1927年の第5回ソルヴェイ会議の折、量子論が原理的な理論でないことを示すためにアインシュタインがボーアに対して提出した思考実験と、基本的に同じものである。何が起きるのか、おおよその所はわかっている。粒子を散乱する際に原子がわずかに反跳すると、スクリーンに到達する粒子ごとに波動関数が少しずれるため、干渉縞はなまって濃淡の模様が少し不分明になる。反跳が充分に大きければ、濃淡の縞模様を区別できないほど干渉はわずかになるが、それでも、ある段階を境に干渉が完全になくなるわけではない（**図6-6**）。干渉縞がいつまでも残るので、原子のどちらかで散乱される過程は、別の原子で散乱される過程と完全にデコヒーレントになっておらず、この二つを分離して別個の《歴史》と見なすことはできない。また、粒子が最初に持っていた運動量に量子論的な不確かさがあり、原子が必ずしも特定方向に反跳されるとは限らないため、この観測方法では、散乱した原子を確実に決定することはできない。こうした観測の不確実さが、デコヒーレンスの実現を阻んだとも考えられる。

図6-6　原子の反跳を観測する実験

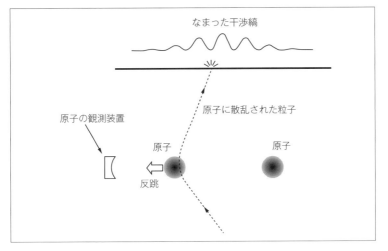

　霧箱のように水が凝結する観測装置ならば、干渉縞は完全に消失すると言っても良さそうである。しかし、厳密に考えると、水滴の位置がほんのわずかに違うだけの状態は干渉しあうし、電子が通っても凝結が起きない可能性、あるいは、電子とは無関係に凝結が起きる可能性もゼロではない。したがって、デコヒーレンスが完全ではなく、わずかな干渉が残るとも考えられる。そうなると、「互いにデコヒーレントな《歴史》が幾通りかあり、そのうちの1つが実現される」と解釈するのは難しく、わずかな干渉によって相互につながった（量子論的に言えば、重ね合わせの状態となる）無数の《歴史》が並存すると考えざるを得ない。

　このように、異なる《歴史》を辿る無数の世界が並存すると

いう考え方は、多世界解釈と呼ばれる。多世界解釈は、必ずしも多くの物理学者に支持されているとは言えないが、数学的に見てデコヒーレンス解釈のような不完全さもなく、ノイマン流の観測理論のように数式で表されない過程を付け加えることもないため、物理学原理主義者に好まれるアイデアである。ただし、「ナチスドイツが勝利した歴史と敗北した歴史が並存する」といったSFファンが考えるようなパラレルワールドではなく、ある化学反応が起きるか起きないかが違うだけの無数の世界が重なって存在することになり、いくら何でも世界が多すぎるという欠点がある。

　完全なデコヒーレンスが起きることを数学的に証明するのは、現実問題として困難である。デコヒーレンス解釈を受け容れようと思うならば、数学的に不完全な点があることを黙認するか、あるいは、量子論を基礎から作り替える必要がある。

場の量子論における《歴史》

　二重スリット実験で、どちらのスリットを通ったかを示す観測装置を設置しない場合、それぞれのスリットを通る経路は互いに干渉するため、併せて一つの《歴史》と見なさなければならないことは、既に述べた。しかし、この《歴史》において、電子はいったいどちらのスリットを通ったのか、どうしても気になる人がいるだろう。このように、一つの《歴史》の中に、

区別されるべきものが混在しているという批判は根強い。

　粒子の量子論に基づく限り、この批判に答えることはできない。粒子の量子論では、粒子は明確に定義されていない対象であって、異なるスリットを通る過程を区別しなくても良いのか、批判に耐えるだけの反論を行う論拠がないからである。この定義の欠如は、粒子の量子論を構築する段階ですでに現れていた。第3章で述べたように、行列力学は、ニュートン力学における粒子の運動方程式（第3章（3.3）式）を、交換関係（(3.2)式）と両立できるように書き換えて作った理論であり、粒子が自立した実体であるかのように扱いながら、具体的に何であるかを明示していない。

　場の量子論になると、事情は変わってくる。ヨルダンのアイデアの上に築かれたこの理論では、自立した実体的な粒子の存在が否定され、エネルギー量子が粒子のように振る舞っているとされる。エネルギー量子は、場の振動が定在波を形成した状態と見なすことができるが、定在波が安定に存在するのは相互作用が全くない場合で、何らかの相互作用があると、エネルギー量子の波が崩れてくる。崩れた波ならば、二つに分かれてスリットを通過し、その後で干渉しあうと考えても、おかしくない。粒子の量子論の場合、二重スリット実験で二つに分かれてスリットを通過するのは、波動関数という現実には存在しない数学的な虚構だが、場の量子論では、場の波動が実際に分かれてスリットを通過すると推測される。したがって、この過程が分

離できない一つの《歴史》であると主張しても、かまわないだろう。

相関か相互作用か

第 7 章

近年、量子論の不思議さを強調する一般人向けの解説書が相次いで出版されているが、その多くは、第5章で紹介したEPR（アインシュタイン＝ポドルスキー＝ローゼン）論文で扱われた相関—いわゆる **EPR 相関**—を取り上げる。「**量子もつれ**」とも呼ばれるこの現象は、アインシュタインが「spooky（幽霊のような、薄気味悪い）」という表現によって批判したことでも知られ、量子論が常識から大きく逸脱することを示す最も強力な事例だとされる。しかし、EPR 相関はそれほど常識はずれなのだろうか？

　解説書の中には、誤解を招く表現を用いたものがあるので、読む際に注意を要する。例えば、相関を持つ2つの粒子の一方を観測すると、その瞬間に、どんなに離れていても他方の状態が変化するかのように記述されることがあるが、これを額面通りに受け取ってはならない。現実に遂行された EPR 相関の実験で得られるのは、こうした瞬間的な遠隔相互作用の証拠ではなく、何度も実験を繰り返すことで得られる統計的なデータの不思議な偏りである。

　この章では、EPR 相関の物理的な意味をできる限り数式を使わずに解説するが、考え方自体が専門的で難しいので、初読の際にはとばしてもかまわない。

EPR 相関とは何か

　EPR 論文では、2つの粒子1と2の相対位置（位置座標の差）および全運動量（運動量の和）が同時に確定できることが波動関数を使って示され、その上で、相対位置と全運動量がわかっている2つの粒子が充分に離れたときに、一方の粒子に対して観測を行うケースが検討された（演算子を用いた計算法を知っている読者のために、数式を使った説明を**図 7-1** に記しておく）。粒子1の位置を測定すると、相対位置の値から粒子2の位置が直ちに判明する。同じように、粒子1の運動量を測定すると、粒子2の運動量がわかる。もっとも、似たようなことは、ニュートン力学でも起こる。例えば、ある場所に静止していた

図 7-1　EPR ペアの交換関係

粒子1の位置 q_1, 運動量 p_1, 粒子2の位置 q_2, 運動量 p_2 としたとき、それぞれの粒子の交換関係（これ以外の交換関係は 0）
$$q_1 p_1 - p_1 q_1 = q_2 p_2 - p_2 q_2 = \frac{ih}{2\pi}$$
相対位置 $Q \equiv q_1 - q_2$、全運動量 $P \equiv p_1 + p_2$ としたときの Q と P の交換関係
$$\begin{aligned} QP - PQ &= (q_1 - q_2)(p_1 + p_2) - (p_1 + p_2)(q_1 - q_2) \\ &= (q_1 p_1 - p_1 q_1) - (q_2 p_2 - p_2 q_2) \\ &= 0 \end{aligned}$$
したがって、Q と P は同時に確定できる

物体が2つの破片に分裂したとする。分裂片の一方の運動量を測定すれば、元の粒子が静止しており全運動量はゼロなので、他方の分裂片の運動量は、観測された運動量の符号を変えたものとして瞬時にわかる。また、重心が元の粒子の位置と一致するので、一方の位置を測定すれば他方の位置もすぐに求められる。量子論の場合も、位置ないし運動量のどちらかがわかるだけならば、当たり前の現象にすぎない。ところが、位置と運動量の両方が関わるとなると、不確定性関係と矛盾しないかを真剣に検討しなければならない。

　粒子2から充分に離れた時点で粒子1の観測を行う場合、測定するのが位置であっても運動量であっても、粒子2の状態は（充分に離れているので）擾乱されず、それ以前の状態から変化していないはずである。とすると、粒子2は、粒子1の観測が行われる以前から位置と運動量が確定した状態にあり、位置と運動量は同時に確定できないとする量子論の基礎に抵触するのではないか？──これが、EPR論文で提起された問いである（科学史的に正確なことを言うと、これはアインシュタインが提起した問いで、3人で議論した内容をまとめる形でポドルスキーが単独執筆したEPR論文では、論点が少しずれている）。

　粒子1で位置と運動量のどちらを観測するかに応じて、粒子2の状態が瞬時に変化すると仮定すれば、粒子1の観測後に粒子2で確定しているのは位置か運動量のどちらかだけなので、量子論の基礎とは矛盾しない。しかし、2つの粒子が充分に離

れているにもかかわらず、粒子1の観測で粒子2の状態が変化するのは、一種の遠隔相互作用が起きたことになり、光速を越える相互作用を禁じた相対論の原理に矛盾する。この遠隔相互作用が、アインシュタインが「spooky」と呼んだものである。

　位置と運動量のように、不確定性関係によって同時に確定できない物理量がともに遠方の粒子と相関を持ち、遠方での観測によって、2つの物理量のうち任意に選んだ一方の値が判明するような場合、「EPR相関（あるいは、量子もつれ）がある」と言い、こうした相関を持つ2つの粒子をEPRペアと呼ぶ。EPR相関が存在することは、ちょっと考えると、量子論と相対論のどちらかが誤っているように見える。量子論・相対論とも現代物理学の基礎であり、どちらが誤っていても、学問の全体系が崩壊する危機となる。

　ただし、EPR相関の存在が、量子論または相対論のいずれかに抵触すると結論するのは、いささか性急にすぎる。EPR相関を調べる実験がどのように行われるかを、もう少し詳しく見る必要がある。

EPR相関の統計的性格

　EPR論文は、ハイゼンベルクやパウリら行列力学の構築を担った若手研究者には注目されず、量子論とはそういうものだという醒めた受け止め方が多かったものの、年長の物理学者に

は衝撃を与えた。シュレディンガーは、有名な「シュレディンガーの猫」の比喩を含む論文を執筆し、ボーアは、興奮しすぎたせいか、何を言いたいのか良くわからない晦渋な小論を発表した（ボーアの論文は、後にボームやベルに厳しく指弾される）。EPR 論文が世に出た直後は、議論が抽象的すぎて論点が明確にならない憾みがあったが、その後の 30 年ほどの間に、ファリー、ボーム、ベルの研究を通じて、EPR 相関の持つ物理的な意味が、段階的に明らかにされる。

EPR 論文が出版された翌年、ファリーは、EPR 相関を示す波動関数は単なる計算手段にすぎず、状態に関する情報を得るには、粒子 1 と粒子 2 双方に対して実際に観測を行わなければならないことを指摘した。このとき、例えば粒子 1 の運動量と粒子 2 の位置を測定してある結果を得たとしても、粒子 2 の観測結果は粒子 1 に対する観測と無関係なのか、それとも、粒子 1 を観測した影響で粒子 2 の状態が変化したことによるものか、観測データをいくら眺めても、何とも言えない。「もし、粒子 1 で運動量ではなく位置を測定していれば…」と仮定の話をしても、議論は進まない。実際に位置測定を行っておらず、粒子 1 がどこに見つかるかは予測できないのだから、「粒子 1 の位置測定をしていれば、粒子 2 の位置が確定したはずだ」と言っても、その位置がどこかはわからないというほとんど無意味な主張になってしまう。

1 回の実験で入手できるのは、粒子 1 と粒子 2 それぞれにつ

いての1組の観測結果だけである。相関がどのようなものか情報を得るためには、複数回の実験を行って、統計的なデータの偏りを調べる必要がある。また、たとえ量子論特有の偏りが見いだされた場合でも、それが遠隔相互作用に起因するものかどうかは判明しない。

　ここで、相関と相互作用の違いについて、述べておきたい。相関とは、2つのデータの間に何らかの関係が見られることを指しており、一方が他方に物理学的な作用を及ぼした結果だとは限らない。例えば、当たりとはずれの2枚の籤を用意し、一方をアリス、他方をボブに送ったとしよう（アリス、ボブは、A、Bという抽象的で味気ない呼称を避けるときに良く使われる名前である）。アリスが手元に届いた籤を見てはずれだとわかると、その瞬間、ボブが手にした籤が当たりだと知るが、これは、ボブからアリスの元に超光速で情報が送られて来たから…ではなく、単に、一方が当たりならば他方ははずれという相関があるからにすぎない。

　もし、超光速の相互作用が現実に存在するならば、これを利用して超光速通信が行えるはずだが、そうした技術が実現可能だとする主張（で物理学的に破綻のないもの）は、見たことがない。EPR相関を利用した通信の話題が学術誌に掲載されることがあるが、超光速通信ではなく、セキュリティを高めた通信のことである。少し噛み砕いた形で説明すると、誰かが当たりとはずれのペアの籤をランダムに分けてアリスとボブに何組

も送った後、アリスからボブへ、はずれ籤（ボブにとっては当たり籤）と同じ順番の文字だけを読むと解読できる暗号文を送るようなものである。暗号文の送信は通常の方法で行われるので、通信自体は超光速ではない。EPR相関がかかわるのは、暗号を解読するための「鍵」の伝達である。

通常の相関ならば、送信中の籤を盗み見されても、アリスやボブは、なかなかそのことに気づけない。ところが、EPR相関を持つ粒子ペアの場合、第三者が送信中の粒子1を観測すると、（粒子2ではなく粒子1自体の）状態が擾乱されて相関が壊れてしまう。その結果、アリスの暗号文が解読できなくなるので、ボブは盗聴が行われたとすぐに気づく。EPR相関を利用した安全な通信とは、大ざっぱに言えば、こんな感じのものである。

ファリーの議論から、EPR相関を調べる実験が持つ次の2つの特徴が明らかになる。

- 物理学的に意味のある結果が得られるのは、何回も実験を行い、統計的な相関を求めた場合だけである。
- EPR相関の実験を行ってわかるのは、2つの観測結果の間に相関があることだけで、遠隔相互作用があったという証拠にはならない。

EPR相関の存在は量子論の基礎にかかわるので、実験で確認すべきものだが、EPRが提案した位置と運動量の相関に関

する実験は、実際に遂行するのがきわめて難しい。全運動量の値が定まるという条件は、運動量を観測した粒子が2つに分裂するケースを利用すれば実現できるが、相対位置が決まった値になる2つの粒子を作るのは、現実問題として困難だからである。そこで、EPR相関を調べるために、位置や運動量の代わりとしてボームが提案したのが、光子の偏光（あるいは、電子のスピン）である。

光子の偏光

　マクスウェルの電磁気学によれば、光は、進行方向に直交する電場と磁場が、それぞれ振動しながら伝わるものである。ここでは、電場に注目しよう。進行方向に直交する面内で2つの直交する座標軸を設定し、電場をそれぞれの成分に分解して表す（次ページ**図7-2**；この図では、z軸方向に進行する電磁波の電場を、x成分とy成分に分解している）。振動数が一定の光では、電場の2成分は同じ振動数で振動するが、一般には位相がずれており、それぞれの成分を合成した電場は、一定のピッチで振動面が回転することになる。こうした状態を楕円偏光という。各成分の位相が揃って、同じ時刻で最大値・最小値を取るような特別な場合は、電場は常に同じ方向を向く直線偏光となる。

　光がどのような偏光状態にあるかは、軸の向きが定まった偏

図 7-2 楕円偏光と直線偏光

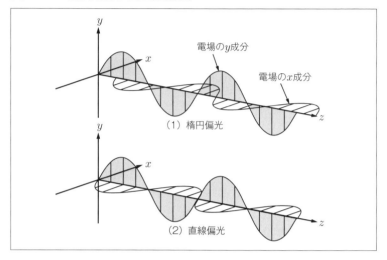

光板を通過するかどうかで判定される。軸が水平方向を向いた偏光板（以後、簡略化して水平偏光板と呼ぶ）を通過した光は、水平方向に偏光している。直線偏光は、水平偏光と垂直偏光のように、2つの向きに分解することができ、水平偏光の光は、軸が水平方向の偏光板を必ず通過するが、軸が垂直方向を向いた偏光板（垂直偏光板）は決して通過しない。

量子論になると、不確定性関係に従って電場の強度が確定せず、大きさ $h\nu$（ν：振動数、h：プランク定数）のエネルギー量子を作る場合にだけ、安定した波となる。このエネルギー量子が、光子と呼ばれる素粒子である。素粒子と呼ばれてはいるが、ビリヤード球のような自立的な粒子ではなく、あくまで波が粒子のように振る舞っているだけである。したがって、光子

の偏光は、個々の粒子ではなく伝播する波の性質と考えるべきである（ついでに言っておくと、電子のスピンも、粒子ではなくスピノル場の波動に関する性質である）。

　量子論において偏光状態を指定するのが、（第4章で述べたような）波の波動関数である。粒子の量子論の場合、粒子の位置 q の関数として波動関数 $\Psi(q)$ を定義するが、電磁場の量子論では、任意の場所 x と時刻 t で与えられる電磁場のベクトルポテンシャル $A_\mu(x,t)$ （これを微分すると、電場や磁場になる量）の関数 $\Psi(A_\mu(x,t))$ が波動関数となる。量子論的な偏光とは、マクスウェル電磁気学で示されるような振動面が確定した状態ではなく、波動関数がある関数形を取ることによって指定される振動状態である。例えば、水平偏光とは、電場が厳密に水平方向に振動しているのではなく、水平偏光板を通過できるような波動関数で表される光子の状態を意味する。話を簡単にするため、以下の議論では、直線偏光だけを考えることにする（それ以外の偏光を扱う場合には、波動関数を用いた議論をしなければならない）。

偏光における EPR 相関の観測

　特定の原子から同じ方向に直線偏光した2つの光子が放出されることがある。この現象を利用して、偏光の相関を調べる実験を考えよう（次ページ**図 7-3**）。説明が難しいので省略するが、

量子論の場合、軸が互いに斜め方向（0°より大きく90°未満）を向いた偏光板を通過するかどうかの観測は、位置と運動量のような、不確定性関係を満たす2つの物理量の観測に相当する。同じ方向に直線偏光した光子1と光子2というペアを作ったとき、光子1が水平偏光板を通過した場合には、光子2が水平偏光板を通過し、垂直偏光板を通過しないことがわかる。また、軸が斜め45°と135°の偏光板（45°偏光板と135°偏光板）を用いた場合、光子1が45°偏光板を通過すれば、光子2が45°偏光板を通過し135°偏光板を通過しないことがわかる。2つの偏光板の間の角度が0°から90°の間ならば、通過するかどうかを確実に予測することはできない（量子論によれば、角度に応じて、通過する統計的な確率が与えられる）。

図 7-3　ERP 相関を示す光子ペア

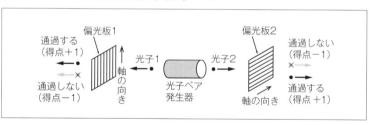

2つの光子は充分に離れているので、光子1の観測は光子2の状態に影響を及ぼさないはずである。それでは、光子2は垂直／水平偏光板と45°／135°偏光板のどれを通過しどれをしないか、あらかじめ全て決まっていたのか？　決まっていたとす

ると、不確定性関係に抵触するのではないか？——というのが、偏光に関する EPR 相関の謎である。

　位置と運動量の場合と同じく、偏光の相関を調べる場合でも、1回の実験では何もわからない。偏光板の向きを変えながら何度も実験を繰り返し、統計的なデータを集めて、はじめて意味のある結果が得られる。相関を数値で表すために、光子が偏光板を通過したときには $+1$、通過しなかったときには -1 という得点を与え、2つの光子の得点の積 R を見ることにする。R の値は、両方の光子が偏光板を通過したときには（$(+1) \times (+1)$ なので）$+1$、両方とも通過しなかったときにも（$(-1) \times (-1)$ なので）$+1$、一方が通過し他方が通過しなかったときには -1 となる。

　そこで、2つの偏光板（光子1と光子2を照射する偏光板1と偏光板2）の軸を角度 θ だけずらしたセットアップで何度も実験を繰り返し、R の統計的な平均値を求めることを考えよう。

　θ が45°の場合、光子1が偏光板を通過するとき、光子2が偏光板を通過する確率は50%になる（このことは、量子論を使わなくても、経験的に予想される）。光子1が偏光板を通過しない場合でも、光子2の通過確率は同じく50%である。光子2の得点は、50%の確率で $+1$ になったり -1 になったりするので、平均すると0となる。したがって、$\theta=45°$ での相関は0である。

　実際に実験を行うと、2つの光子の相関を表す $\langle R \rangle$（R の

平均値）は、**図7-4**のようになる。この結果は、量子論の予想と完全に一致する。ただし、これだけならば、さして不思議な結果ではない。光子が特定の方向に直線偏光をしており、偏光面の傾き方向と偏光板の軸の角度が45°以下なら通過し、45°以上なら通過しないという初等的なモデルでも、$\langle R \rangle$は図7-4の点線になることが示され、実験結果と大きく相違しない（求め方は省略するが、それほど難しくない）。

偏光の相関が不思議な結果を与えるのは、偏光板1と2の向きをそれぞれ2段階に切り替えられるようにし、角度の組み合わせが併せて4つのときに実験をした場合である。次に、この現象について説明しよう。

図7-4 偏光の相関

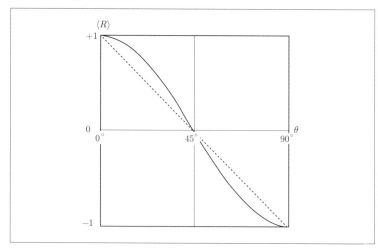

ベルの限界

　図7-5のように、偏光板1と2の軸が、それぞれ a と a'、b と b' という2段階に切り替えられるものとする。このとき、2つの偏光板の向きが a と b のときの得点の積を $R(a,b)$ と書くことにする。同じように、$R(a',b), R(a,b'), R(a',b')$ を定義し、これら4つの相関を組み合わせた量 S を次式で与える。

$$S \equiv |\langle R(a,b)\rangle + \langle R(a',b)\rangle + \langle R(a,b')\rangle - \langle R(a',b')\rangle|$$

(7.1)

　ここで、図7-5の角度 θ を変えていったときの S は、量子論から導かれる理論的な予測と、実際に行った実験の結果がと

図7-5　偏光板の軸

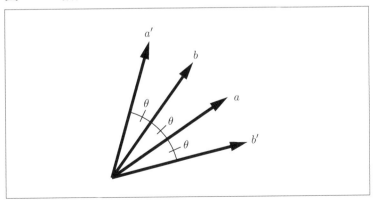

もに、**図7-6**のようになる。ところが、Sの値は2を超えないという「**ベルの限界**」が存在することが、いくつかの仮定の下で、理論的に導ける（この仮定がどのようなものかは、すぐ次の節で検討する）。にもかかわらず、図7-6が示すように、量子論の予測も実験の結果も、この限界を超えている。

なお、図の点線は、偏光面と偏光板の軸のなす角度が45°以下のときに通過するという、（前節でも取り上げた）初等的な仮定での振る舞いである。こうした初等的なモデルでは、角度 θ が増えるにつれて、(7.1) 式で定義される S は一意的に減少するが、量子論では、この値がいったん増加することになる（これが何を意味するか、直観的には、ほとんど理解できない）。

ファリーが指摘したとおり、EPR相関の実験だけでは遠隔

図 7-6 ベルの限界

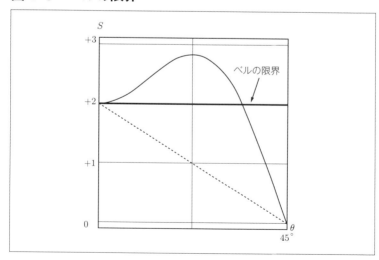

相互作用があったかどうかは判明せず、わかるのは、相関に見られる偏りの存在である。ベルの限界を超えることは、こうした偏りの一種である（すなわち、直ちに遠隔相互作用の証拠になるわけではない）。次節の議論で示されるように、不確定性関係のない古典論では、ベルの限界は決して破られない。したがって、ベルの限界を破るという結果が、不確定性関係を満たす2つの量の相関が示す特徴と解釈できる。ここで必要になるのは、なぜベルの限界を超える結果が得られたのかを、理論的に検討することである。検討した結果として、遠隔相互作用以外の理由があり得ないと判明すれば、相対論の棄却と物理学体系の基礎からの作り直しが必要になる。こうした検討を行うために、まず、ベルの限界がどのように求められるかを示しておこう。

ベルの限界の求め方

　ベルの限界（あるいは、**ベルの不等式**）は、古典論では常に成立する仮定から導けるにもかかわらず、量子論で破られる点が重要である。この仮定は、次の2つにまとめることができる。

- 第1の仮定：粒子の状態は、物理量が特定の値を取るという形で完全に記述される（この仮定は、不確定性関係が見かけだけのもので、根源的な理論には存在しないことを意味する）。
- 第2の仮定：同じ方法で用意された状態において、物理量の値がある範囲に入る確率は、定まったプラスの値となる（この仮定は、確率論を数学的に体系化する際に採用されるコルモゴロフの確率公理と同じものである）。

この2つの仮定の下で、相関がどのような不等式を満たすかを考えよう。わかりやすくするために、物理量の範囲をベン図で表すことにする。ベン図は、集合の包含関係を表すために用いられるが、ここでは、さらに、図の面積が、物理量がその範囲の値を取る確率を表すものとする（ベルの原論文では、多変数空間での領域に確率を表す測度を割り当てて証明を行っているが、その内容は、ベン図を用いた議論と同じである）。例えば、原子から放出された光子1の状態は**図 7-7**（1）の矩形内部の点で表されるものとする。軸の傾きが a の偏光板を通過する場合は、 a と記された円の内側の1点、通過しない場合は外側の1点に対応しており、円の内外の面積が、通過するかしないかの確率を表す。

ここで、軸の傾き b の偏光板を光子2が通過できるかどうかも併せて考える。光子2がある偏光板を通過できるときには、それと相関を持つ光子1も同じ偏光板を通過できるので、図

7-7（1）と同じように、ある物理量が b と記された円の内部にあると仮定する（図 7-7（2）；この仮定の妥当性は、この節の終わり近くで問題にする）。このとき、光子 1 が傾き a の偏光板を、光子 2 が傾き b の偏光板をともに通過する確率は、a の円と b の円が重なった領域（図で黒く塗った部分）の面積で表される。さらに、図の縦線の領域は光子 1 は通過するが光子 2 が通過しないケースを、横線の領域は光子 1 は通過しないが光子 2 は通過するケースを、そして、2 つの円の外側の白地の領域は両方とも通過しないケースを表す。

図 7-7　光子の偏光を定める物理量の範囲

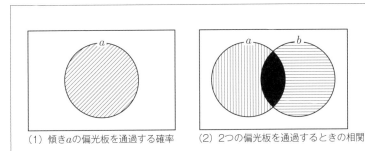

（1）傾き a の偏光板を通過する確率　　（2）2 つの偏光板を通過するときの相関

ベン図を使えば、相関 $\langle R(a,b) \rangle$ を、視覚的に表すことができる。図 7-7（2）で言えば、白ないし黒のベタ部分では $R(a,b)$ は $+1$、線を描いた部分では $R(a,b)$ は -1 なので、ベタ部分の面積から線部分の面積を引いたものが相関

$\langle R(a,b) \rangle$ となる。矩形の面積は全確率なので $+1$ であるから、結局、$\langle R(a,b) \rangle$ の値は、**図 7-8** のように図形で表現することができる（図では、斜線部分の面積を評価する）。

図 7-8　偏光の相関を表す図形式

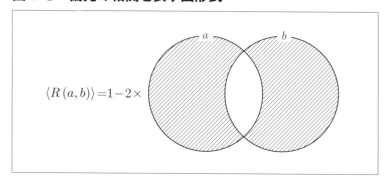

ベルは、1964 年の論文でこうした計算を（図形ではなく式を用いて）遂行し、いくつかの不等式を得た。原論文で提示されたのは、次のような不等式である。

$$|\langle R(a,b) \rangle - \langle R(a,b') \rangle| \leqq 1 - \langle R(b,b') \rangle$$
$$\leqq 2 + \langle R(a',b) \rangle + \langle R(a',b') \rangle \quad (7.2)$$

（7.2）式に含まれる 2 つの不等式は、ベン図を用いて証明できる。ここでは、厳密な証明を示すのではなく、どのようにして証明できるのかという感じをつかんでもらうため、最初の不等号までの証明を**図 7-9** で示すことにしよう。図 7-9 の 1 行目は、図 7-8 で示した関係式を、偏光板の傾きに b と b' の 2 段

階がある場合に拡張したもの。2行目では、面積の差を取る際に、同じ領域を先に相殺させた。3行目が不等号の由来を示すもので、2つの非負数（0または正数）の差は和以下になることを利用した。4行目は、面積の和を1つにまとめて、図 7-8 の関係式を適用すれば得られる。

図 7-9　ベルの不等式の証明（途中まで）

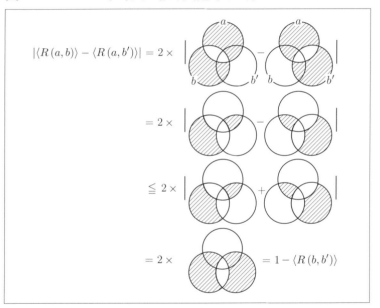

（7.2）式で2番目の不等号を含む式も、同じように、ベン図を使って求めることができる。

ベルが提案した（7.2）式は、$\langle R(b,b')\rangle$の物理的な意味が必ずしも明確ではない（先に、「すぐ後で問題にする」と言った

仮定）。光子2で傾きbの偏光板を通過する状態が、光子1で同じ偏光板を通過する状態と同じかどうかわからないからである。このため、$R(b,b')$のような解釈に問題が生じる項を含まない式が、ベルが最初の論文を発表した4年後に、クローザーらによって提案された。それが（7.1）式である。ただし、重要なのは、ベルのオリジナルの不等式であろうと、クローザーらによる（7.1）式であろうと、ベルの限界を示す証明がベン図を使って簡単に行える点である。このことは、ベルの限界を導く上で何が本質的かを示している。それは、物理量がある範囲に入る確率がプラスの確定した値だという点である。

　ニュートン力学などの古典論を前提とする統計力学では、確率の正値性は常に成り立つ。古典論を前提とする限り、ベルの限界の存在は一般的に導くことができるので、実験によってベルの限界が破られるような相関が見いだされた場合、こうした相関が生じる理由を古典論で説明することはできない。20世紀半ばまでは、「量子論は、古典論で記述される統計力学から導ける」と主張する人もいたが、実験によってベルの限界が破られることがはっきりしたので、この主張は否定されたわけである。もっとも、こうした主張は学界では異端だったので、別に驚くべきことではない。問題は、ベルの限界を導く議論のどこが量子論で通用しないかである。

ベルの限界はなぜ破られたか

　EPR相関の議論がひどくわかりにくいのは、論点がどこにあるのかが明確にされないことが多いからである。本章の冒頭で述べたように、EPRのオリジナルな議論では、2つの粒子が分離された段階で位置と運動量が同時に確定していれば量子論が誤り、確定していなければ、遠くにある粒子1を観測することで粒子2の状態が変化することになるので、相対論（あるいは、一般的に、局所的な相互作用だけを容認する理論）が誤りとされた。しかし、ファリーが指摘したように、観測前に状態がどうなっていたかは、観測結果だけを見てもわからないので、EPRの議論は成り立たない。この時点で、論点は、ベルの不等式が成り立つか否かといった統計的な偏りが相関に生じるかどうかに移された。

　量子論の予測ではベルの限界は破られるので、もし実験でベルの限界に収まる結果が得られたならば、量子論は誤りだと結論される。しかし、実際には、量子論の予想通り、ベルの限界が破られるという結果が得られた。不確定性関係が（見かけではなく）原理的であるような理論におけるEPR相関は、ベルの限界を破ると結論して良いだろう。ここで、EPRのオリジナルな議論に引きずられると、量子論が誤りでないのだから、粒子1を観測することで粒子2の状態が変化したと早とちり

してしまいそうだが、もはや論点はそこにはない。議論すべきは、ベルの限界がなぜ破られたかという問題である。

　この問題を考えるためには、ベルの限界を導いた際の2つの仮定（第1の仮定と第2の仮定）を改めて思い起こす必要がある。

　第1の仮定は、物理量が特定の値を取ることで、光子の偏光のような物理的状態が完全に記述されることを意味する。しかし、これまでの章で見てきたように、量子論はそうした理論ではない。量子論には不確定性関係があるが、これは、物理的な状態が経路積分によって表される素元波の重ね合わせであることに由来する。素元波の1つ1つは場の強度がある値を取るものだが、こうした波が無数に重なり合っているため、（振動子におけるおもりの位置が確定しないのと同じように）場の強度は特定の値にはならず、波の波動関数（第4章）で表される。このため、物理量が特定の値を取ることを前提とするベルの議論は、そのままの形では適用できない。

　「同じ条件で用意された状態では、物理量がある範囲に入る確率がプラスの確定した値になる」という第2の仮定も、量子論では扱いに注意する必要がある。このことは、二重スリット実験を巡る解釈で明らかになった。

　二重スリット実験では、スクリーンに到達した電子や光子などの粒子が、どちらのスリットを通過したかを特定することはできない。これは、場の波形がエネルギー量子を作る状態から

崩れ、2つのスリットに分かれて通過したからと解釈することができる（第6章）。だが、こうした解釈をせずに、あくまで、単一の粒子がどちらかのスリットを通過したという考えに固執すると、どのような結果が導かれるだろうか？　具体的には、スクリーンに到達したときの粒子の位置情報をもとに、この粒子がスリットの一方を通った確率を計算するとどうなるか──という問いである。図7-10では、光子をスリットに平行方向（図のy軸方向）上向きにずらすようにガラスを設置してある。この二重スリットを用いると、スクリーンに到達した光子のy軸方向の分布をもとに、スリットAとBのどちらを通過してきたか、推定確率を計算することが可能になる。ところが、このようにして一方のスリットを通過した確率を計算すると、

図7-10　光子の経路を推定する二重スリット実験

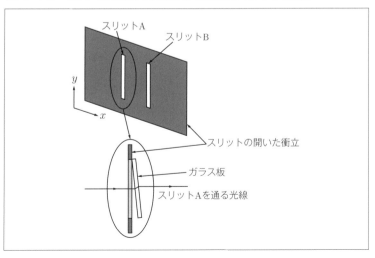

しばしば負の値が現れる（具体的な説明は、例えば、細谷暁夫著「「光子の裁判」再び」（日経サイエンス 2014 年 01 月号、p.34)などを参照されたい。ただし、この記事で示された解釈は、本書のものとは異なる）。このように、量子論では、古典論では当たり前のこととされる確率の正値性が、見かけの上で破れることがある。

「見かけの上で」と書いたが、確率が負になるのは、実際には起きていない過程に確率を割り当てようとしたからだと考えられる。二重スリット実験では、粒子（電子ないし光子）が一方のスリットを通過したわけではなく、場が孤立した粒子の状態にならずに分かれてスリットを通過している。にもかかわらず、事実とは異なる「粒子が一方のスリットを通過した」という過程を想定し、この過程が実現される確率を求めようとすると、計算上は負の確率が得られる。量子論では、見かけの上で、確率が正になるという統計数学の大前提が成り立たない（実際に確率が負になるのではなく、確率の適用の仕方が間違っているのである）。

ベルの限界を求める際にも、物理量がある領域内部に入る確率がプラスの定まった値だと仮定する。この仮定があるからこそ、ベン図に描かれたように、面積（ベルの議論では領域の測度）を足したり引いたりするという初等的な計算だけで、ベルの限界が求められた。もし、この正値性が成り立っていないならば、ベルの証明には抜け道があることになり、限界は存在し

ない。量子論では、さまざまな値を持つ素元波が重なり、波の波動関数で表される状態になっているため、「物理量がある領域に入ると偏光状態が決定される」といった単純な関係にはない。にもかかわらず、「物理量がある領域に入る」という現実には起きていない過程に対して確率を割り当てようとすると、負になってもおかしくはない。

このように、**量子論でベルの限界が破られるのは、現実に起きない過程に確率を割り当てようとした結果、見かけの上で確率の正値性が成り立たないから**だと考えるのが、最もナイーブな解釈だと思われる。この議論は、決着が付いているわけではなく、さまざまな考え方が提案されて、紛糾している状況にある。しかし、ベルの限界が破られたことについて、アインシュタインがspookyと呼んだ奇妙な遠隔相互作用を想定するようなわかりにくい主張をするよりも、見かけの上で負になる確率が現れることで限界が破られたと解釈する方が、はるかに単純で納得しやすいように思われる。

EPR相関（量子もつれ）の存在は、「量子論的な過程は、直観的にイメージできる明確なモデルで記述できない」という主張の根拠として用いられる。しかし、ベルの限界が破られる原因が上のようなものとして説明できるならば、本書のようにわかりやすいモデルを用いて量子論を理解しても、かまわないはずである。

量子論の本質

第8章

場の量子論をナイーブに解釈すると、物理現象の根底には、(第5章末尾で言及した)内部空間で生起する微小な波動が存在することになる。結晶構造のような秩序のある世界が実現されるのは、この波が干渉しあいながら、共鳴状態に落ち着くからだと考えられる。素粒子として振る舞うエネルギー量子も、こうした共鳴状態の一種である。ただし、弾性体の振動や水の表面波などとは異なって、3次元の座標空間で見られる波ではなく、あらゆる地点に存在する内部空間に生起する波であるため、直観的なイメージでは捉えにくい。たとえ、全ての地点での状態を含む数式で表現しても、到底、人間に扱える代物ではない。このため、実用的なツールとして利用する際には、エネルギー量子を自立した粒子として扱う粒子の量子論を使わざるを得ない。

　場同士の相互作用が無視できるほど弱いならば、孤立したエネルギー量子は、粒子とほとんど同じように移動するので、粒子描像に基づいても現象を的確に理解できる。しかし、相互作用が強くなると粒子らしさは失われ、二重スリット実験における干渉縞の形成のように、粒子が移動しているだけならばあり得ない不思議な現象が起きる。この状況を説明するのに、しばしば「粒子であると同時に波である」といった二律背反的な主張がなされ、量子論について勉強する人を悩ませる。だが、こうした現象が、場の量子論における根源的な波動性に由来することを理解し、粒子のように見えたものが、実は、微小な波が

重なって形成されたエネルギー量子であると知っていれば、混乱することなく直観的に現象を把握できるだろう。

　エネルギー量子を粒子と見なし、この粒子の波動関数を考える「粒子の量子論」は、「場の量子論」の近似となる。粒子の量子論で使われる粒子の波動関数は、粒子の存在を前提として求められた関数であり、「波動関数」イコール「リアルな波動」ではない。しかし、粒子の波動関数が示す波の性質は、場に伝わるリアルな波の振る舞いを反映しており、波動関数が示す性質をリアルなものと捉えることは、決して誤りではない。例えば、古典論では越えられないエネルギー障壁を電子が透過する現象である「トンネル効果」の場合、波動関数が障壁内部を減衰波として伝わることは、場の波動の性質と共通する。また、原子核のクーロン場に束縛された電子の波動関数が定在波を作ることも、場の波動の振る舞いに由来すると推測される。

場の量子論が描く世界

　量子論の世界観について論じる場合、従来は、行列力学の方法論に忠実であるのが一般的だった。だが、観測されない状態については何も語らず、電子や光は粒子であると同時に波だといった曖昧な主張がされると、世界とはいかなるものかについて、はっきりしたビジョンが得られない。これに対して、場の量子論を全面的に受け容れ、場が物理的な実在だと認めるなら

ば、行列力学の方法論とは対照的に、きわめて明確な世界観を構築することができる。

　ニュートン力学では、入れ物としての空虚な空間が枠組みとしてあり、時間の流れに沿って、その内部で物体が動き回るという世界が語られる。この立場を原子論と結びつけると、物質は、原子と呼ばれる基本的な構成要素が組み合わされたもので、あらゆる物理現象は、原子が結合・分離を繰り返しながら空間内部を動き回る過程であると見なされる。これに対して、場の量子論が描き出す世界は、ニュートン力学とは本質的に異なる。物理現象は、あらゆる地点で定義される場の変動が引き起こす。場の値は不確定であり、内部空間で拡がったものとして扱われる。

　こうした世界の姿を直観的にイメージする上で助けとなるのが、格子理論と呼ばれる場の量子論の近似的なモデルである。もともとの場の量子論では、あらゆる地点に物理現象の担い手である場が存在し、その地点で定義される内部空間で拡がった値を持っていた。格子理論では、こうした場が存在する地点を、結晶格子と同じようにとびとびに存在するものに置き換える。中でも、格子ゲージ理論と呼ばれる理論は、多くの物理学者が精力的に研究してきた。この理論では、結晶格子で原子が存在する位置に、クォークや電子のような物質粒子を生み出す場が存在し、原子同士を結びつける"原子の手"の位置に、電磁場など力を担うゲージ場が存在するものとされる（**図 8-1**）。そ

れぞれの地点に存在する場は値が不確定であり、内部空間で拡がった状態にある。

図 8-1　格子理論

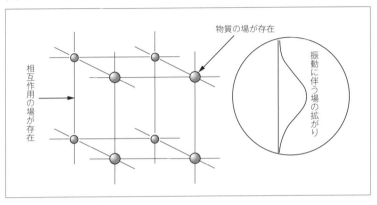

　格子理論では、空間内部を物体が動き回るといったニュートン的な描像が全く成り立たない。そもそも、縦・横・高さ方向の3次元座標を持つ空間はリアルではなく、場同士が3次元的なつながりを持つネットワークを介して相互作用するにすぎない（図8-1では、格子を3次元空間に埋め込んで描いているが、これは、図示するための便宜的な表現で、実際には、場の存在する各地点だけが物理的に実在する）。人間は、ネットワークの拡がりを実在の空間だと錯覚していることになる。このネットワーク内部を場の波動が伝わっていくことで、あらゆる物理現象が実現される。物質の構成要素になるような原子は実在せず、波が形作る共鳴パターンが、安定した物質的存在のよ

うに見えるだけである。

現時点で研究されている格子理論では、コンピュータ・シミュレーションが実行できるように時間を純虚数に置き換えるのが一般的なので、必ずしも現実世界を忠実に再現できたわけではない。しかし、格子理論をもとに考えると、場の量子論が描く物理的な世界が、ふつうの人間がイメージする世界と懸け離れていることが、実感されるだろう。

要素に還元できない物理現象

ここで、ちょっと哲学的で小難しい議論をしておこう（この節の内容は、無理に理解する必要はない）。

科学哲学の分野では、ニュートン力学が示唆する原子論的な世界に対して、「還元論的物質主義」というレッテルが貼られる。根源的な構成要素である原子だけが実在的で、それ以外は、原子が組み合わされることで作られた派生的な構成物だという意味である。原子論的な世界では、たとえ人間のような複雑な構造を持つものでも、所詮は原子が結合してできあがったものでしかない。

ところが、量子論的な世界では、複雑な構造を要素に還元することができない。場のネットワークを通じて、内部空間で生起する波が相互に伝わっていくことで、あらゆる物理現象が実現されるため、物質が要素から構成されるという見方が成り立

たないのである。

　まず、簡単なケースとして、粒子の量子論の範囲で、2個の水素原子核（陽子）と1個の電子という3つの粒子から構成される水素分子イオン H_2^+ について考えてみよう（陽子は、本当はクォークとグルーオンの場が作る複合粒子だが、ここでは、大きさのない粒子と見なすことにする）。ニュートン力学的な世界観によると、この3つの粒子は、単一の3次元空間内部に存在し、互いに力を及ぼしあいながら運動する。しかし、量子論では、そうではない。（第4章で説明したように）それぞれの粒子が占有する3次元空間があり、合計9次元の空間における波動関数によって記述される。2個の陽子の位置座標を q_1 と q_2、電子の位置座標を q_3 とすると、水素分子イオンの波動関数は、$\Psi(q_1, q_2, q_3)$ という（全ての成分の個数を併せて）9変数関数となる。

　やや専門的になるが、この波動関数がどのような形になるかを説明しよう。シュレディンガー方程式を厳密に解くためには、3つの粒子の重心の運動と、重心に対する相対運動を分離して扱う必要があるが、電子の質量は陽子の1800分の1しかないので、電子の位置にかかわらず、水素分子イオンの重心は、2つの陽子を結ぶ線分の中点と見なせる。さらに、電子は充分に軽く、その波動関数は、電子に比べてゆっくり動く陽子の位置変化に瞬時に対応できるので、実用的な近似として、電子の波動関数は、陽子の間隔が固定されているものとして求めてかま

わない。このような近似を用いれば、水素分子イオンの波動関数は、いくつかの簡単な関数の積として表される。それぞれの関数がどのようなものかを示そう（括弧内は変数の個数）：①重心の並進運動を表す関数（重心の位置を表す3変数）、②陽子の間隔が与えられたときの電子の波動関数（陽子に対する電子の相対位置を表す3変数）、③重心の周りでの回転を表す波動関数（陽子を結ぶ線分に垂直な2つの回転軸に関する2変数）、④陽子の振動を表す波動関数（陽子の間隔を表す1変数）——以上、4つの関数の積になる。

　ニュートン力学的な世界観によれば、水素分子イオンは、鉄アレイのような形をしたものが、3次元座標空間の中で振動したり回転したりしながら全体として並進運動を行っているとされる（図 8-2）。最低エネルギーの基底状態では、鉄アレイの鉄球に相当する陽子の間隔は、一定値 R になる。しかし、量子論が描く水素分子イオンの姿は、全く異なっている。3次元座標空間の中で2つの陽子が一定の距離だけ離れて存在するのではなく、9次元空間における波動関数で表され、定在波が形成される基底状態では、陽子の間隔が R の付近にピークを持つ関数となる（図 8-3）。量子論を信じるならば、これが、水素分子イオンの真の姿なのである。鉄アレイの形をした分子のイメージは、人間が自分で理解しやすいように捏造した虚像でしかない。

　還元論的な発想によれば、「陽子の間隔が R」という性質は、

図 8-2　水素分子イオンの素朴なイメージ

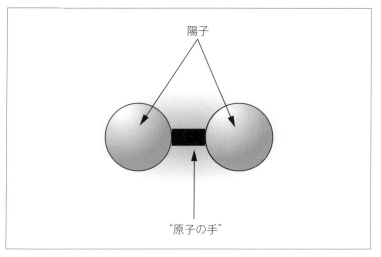

図 8-3　水素分子イオンの波動関数

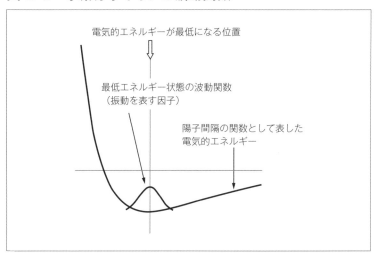

「構成要素である2つの陽子が、座標空間内部において距離 R だけ離れた地点に位置する」という構成要素の関係に還元される。これに対して、量子論では、「9次元空間のある地点で波動関数がピークを持つ」という単一の事態に「陽子の間隔が R である」という性質が集約されており、構成要素の関係に還元することができない。もう少し複雑な性質についても、同様の議論ができる。例えば、ベンゼン分子は、ニュートン力学の見方によれば、6個の炭素原子が正六角形の頂点に位置する構造だが、量子論的な立場に立つと、6個の炭素原子核と6個の水素原子核、42個の電子がそれぞれ3次元の空間を占有する 54×3 次元空間の内部に、「正六角形性」を表す波動関数のピークが存在することになる。

　粒子の量子論ではなく場の量子論の立場からすると、次元数はさらに増える。仮に、物理的世界の最小の長さがプランク長(1.6×10^{-36} メートル)だとして、1立方プランク長当たり一つの内部空間が存在すると考えると、1立方センチにつき10の100乗ほどの次元数になる。分子や結晶は、そうした多次元空間内部のある地点に波動関数が集まって塊のようになっているものである。こうした見方をすると、電子や光子のように特定の場が作り出すエネルギー量子だけでなく、多数の素粒子が結合してできた複合的な構成物である分子が量子論的な干渉を起こす理由もわかる。**エネルギー量子は、内部空間における共鳴パターンと見なすことができるが、分子や結晶も、同じ**

ように多次元空間で形成された定在波なので一種の共鳴パターンである。これが場に生起する波とともに移動しているので、量子論的な干渉を起こすことが可能なのである。

　このように、量子論とは、(哲学者からしばしば還元論的物質主義と指弾される)旧来の物理的な世界観を根底から変革する力を秘めている。にもかかわらず、行列力学の方法論に過大な信頼を寄せて、リアルな物理的状態を明確にせず、観測される量の関係だけを論じようとするのは、何とももったいない限りである。

量子論はなぜわかりにくいのか

　前章までの説明を通じて、場の波動をリアルにイメージすると、量子論はかなりわかりやすくなることが理解されたのではないか。

　量子論をわかりにくくする元凶は、基礎物理学について発言する人が、根底にある物理現象に言及せずに、観測可能な状態についての議論しかしないことにある。第6章の二重スリット実験で論じたように、スリットの背後に霧箱を設置すると、電子の干渉縞が消える。これは、霧箱の状態を含めた終状態において、霧箱内部に水滴ができる状態とできない状態が干渉しないことの物理的な帰結である。ところが、この現象を、「電子の粒子的な性質と波動的な性質は排他的で、どちらを通ったか

という粒子的な情報を得ると、干渉という波動的な性質が失われる」と解釈する人がいて、量子論を勉強する学生を悩ませる。かくもわかりにくい解釈をする必要は全くなく、単に、人間が識別できるような終状態が互いにデコヒーレントであることを指摘すれば充分である。

　量子論のわかりにくさを集約したのが、量子情報理論と呼ばれる分野である。これは、観測可能な状態についての関係を抜き出して情報理論の観点からまとめたもので、論点を整理するには適した方法論だが、物理的な理解を深めようとしても、何が起きているかイメージできずに混乱するばかりである。厳密性を重んじる専門書では、EPR相関について量子情報理論の観点から説明されることもあるが、量子論を実用的なツールとして応用する人は、全く気にする必要がない。

　量子論を応用する上で重要なのは、何が起きているかをイメージすることである。こうしたイメージの重要性は、何も物理学に限ったことではない。大型旅客機のコックピットを見た人は、無数の計器やレバー、スイッチ類が所狭しと並んでいるさまに、操縦には超人的な技量が必要だと驚嘆するだろう。しかし、訓練を受けたパイロットといえども、「この計器の数値がある値になったらレバーを何度曲げる」といったマニュアルを頭に叩き込んで操縦しているわけではない。機体の状態をイメージし、それに対応する操作を思い描いているはずである。機首が上がりすぎた場合には、操縦桿を押して水平尾翼にある

昇降舵を操作し、空気抵抗を増して機首を下げるようにする——こうしたイメージに基づいて、機体を制御しているに相違ない。量子論を扱う場合も、同じように、具体的なイメージを持つことが重要なのである。

ここまでの議論に基づいて、量子論をわかりやすくするためにはどのような見方をすれば良いか、以下に列挙しておこう。

- 量子論的な現象の根底には、リアルな波動が存在する。波動の存在をイメージすると、現象が理解しやすくなる。
- 量子論で扱われる電子や光子は、場の波動がエネルギー量子を形成して粒子のように振る舞っているものである。「粒子であると同時に波である」といった曖昧な解釈をする必要はない。
- 位置と運動量の不確定性関係は、電子などの量子論的な対象がもともと波からできており、波としての拡がりがあることの現れである。「粒子であるにもかかわらず、位置と運動量が確定しない」と解釈すると、混乱するだけである。
- リアルな波動は、粒子の量子論で用いられる波動関数そのものではない。粒子の波動関数は、あくまで確率振幅を求めるための手段である。しかし、波動関数の振る舞いには、現象の根底にあるリアルな波の性質が反映されている。例えば、トンネル効果における波動関数の減衰は、リアルな波の減衰と同様だと考えてかまわない。

- 量子論に関する出版物の中には、わざわざわかりにくい記述がなされているケースが少なくない。二重スリットの実験における「粒子性と波動性は排他的である」といった主張などで、こうした主張は、あまり真剣に受け止める必要がない。また、物理学者の間でほとんど受け容れられていない解釈が、堂々と記載されることもある。例えば、量子コンピュータがきわめて高速な理由が多世界解釈を使って説明されるケースがあるが、こうした解釈を信じている物理学者は、ごく少数である。量子コンピュータが高速なのは、常識的な解釈によれば、素子同士の量子論的な相互作用が並列的に行われる一種のアナログ計算機だからである。
- 行列力学の方法論では観測されていない状態の記述が禁止されるので、この方法論を過度に信奉すると、具体的なイメージを作れなくなる。観測されていない状態の記述を禁じた根拠は、原子内部の電子が定常的な軌道を描くという仮定が現象を説明できなかったことだが、これは、原子特有の事情のせいである。原子の事例だけでは、観測前の状態の記述を全て禁止するほどの強制力はない。
- 量子論を真に理解しようと思うならば、場の量子論を勉強する必要がある。場の量子論に触れずに量子論の不思議さについて語っている著作には、あまり信を置かない方が良いかもしれない。

おわりに

　20年ほど前、ボーア＝アインシュタイン論争が気になりだして、EPR論文を批判したボーアの論文を精読してみたものの、どうにもうんざりさせられたことがある。この論文は、EPR相関を示す量子論的なシステムが全体として統一され分離不能であることを主張したものとして頻繁に引用されるが、実際に読んでみると、それほどロジカルな内容ではない。位置と運動量の相関を持つ粒子のペアを実現するために、第5回ソルヴェイ会議でアインシュタインが提案した「可動性のあるスリットの付いた装置」を用い、このケースに関してシステムが分離できないことを論じただけである。しかも、図版も数式も使わず、言葉で装置の説明をするので、論旨を把握することすら難しい。科学史的に重要な論文でありながら、何と杜撰な…と愕然とした。

　この論文に対して、他の物理学者も納得していなかった。アインシュタイン自身は、ボーアの主張が適切な反論になっていないことを正しく理解して再反論を行った。ボーアの論文を引用する人も、

内容にはほとんど言及せず、後半で用いられる「分離不能性」という用語だけを借用するケースが多い。最も厳しかったのがベルで、ベルの不等式を提案した論文の中で、読んでいて痛快なほど辛辣にボーアを指弾している。

　ボーアは、容赦のない批判者であり、アインシュタイン、シュレディンガー、ファインマンらに議論を吹っ掛け自説を押し通したが、その際の論法は必ずしもロジカルではなく、物理学的に見て誤りを含んだ主張も目立つ。ボーアが書いたものを読むと、考えをまとめきれず、あんな考え方もこんな考え方もできると模索し続ける姿が浮かんでくる。論争相手は、内容よりも迫力に気圧されてギブアップしたのではないかと思われる。

　深遠な思索によって量子論の真髄に迫った物理学者としてボーアを神聖視するのは、正しい態度ではない。彼もまた、自然界の巨大な謎に挑戦し、悩み続けた一学徒にすぎない。そうした観点に立つと、量子論の新しい地平が見えてくるだろう。

吉田伸夫

参考文献

　本書は、正統的とされる量子論の考え方に対して異を唱えるものだが、同様の観点から執筆された著作は、あまり多くない。大多数の解説書は、多少の修正を施すことはあっても、大筋において既存の見解を追認するだけである。そうした中で、一般相対論における「富松・佐藤の解」の発見者として著名な佐藤文隆の次の著書は、ボーアやハイゼンベルクの提唱した方法論にかなり批判的であり、本書を書き始める際に大いに力づけられた。

　・佐藤文隆 著
　　『アインシュタインの反乱と量子コンピュータ』
　　（京都大学学術出版会、2009）
　・佐藤文隆 著
　　『量子力学は世界を記述できるか』
　　（青土社、2011）

　佐藤は、また、科学者のあり方についても考察しており、『科学者、あたりまえを疑う』（青土社、2015）などの著作も面白い。

本書を執筆するに当たっては、市販されている解説書よりも、原論文を参考にすることが多かった。例えば、ディラックが原子論的な発想をしたことについて、一般の解説書にはあまり書かれていないが、彼が執筆した論文には、そうした見方を示唆する記述があちこちに見られる。オリジナルな研究を行った物理学者の論文は、現代の知識を援用しても何をやろうとしているかわかりにくい難解なものが多いため、一般の読者には勧められないが、次の著作は、理論の建設者が現在の主流派とは異なる見解を述べたものとして興味深いので、チャレンジしてみるのも良いだろう。

・エルヴィン・シュレーディンガー著
　『シュレーディンガー選集〈1〉波動力学論文集』
　（共立出版、1974）
・J.S.Bell, "Speakable and Unspeakable in Quantum Mechanics: Collected Papers on Quantum Philosophy" (Cambridge University Press, 2004)

知の扉シリーズ

既刊姉妹書

素粒子論はなぜわかりにくいのか
場の考え方を理解する
吉田伸夫 著

ついに、あなたの素粒子に対するイメージが具体的になる！

素粒子の「やさしい解説」を何度聞いても、どうにも腑に落ちない…。それもそのはず、多くの人は、素粒子論を理解するためには避けて通れない「場」の考え方について、ほとんど学ぶ機会がないのです。素朴な"粒子"のイメージから脱却し、現代物理学の物質観に目覚める、今度こそわかりたいあなたのための素粒子入門。ヒッグス粒子発見のニュースで興味をもった方にもおすすめです。

内容

- 第1章　素"粒子"という虚構
- 第2章　場と原子
- 第3章　流転する素粒子
- 第4章　素粒子の標準模型
- 第5章　摂動法と繰り込み
- 第6章　何が究極理論を阻むのか
- 付録　　素粒子の計算にチャレンジ

著者プロフィール

吉田 伸夫 [よしだのぶお]

1956年、三重県生まれ。東京大学理学部物理学科卒業、同大学院博士課程修了。理学博士。専攻は素粒子論（量子色力学）。科学哲学や科学史をはじめ幅広い分野で研究を行っている。

著書に『明解 量子重力理論入門』『明解 量子宇宙論入門』『完全独習 相対性理論』『宇宙に「終わり」はあるのか』（講談社）、『宇宙に果てはあるか』『光の場、電子の海 量子場理論への道』『思考の飛躍 アインシュタインの頭脳』（新潮社）、『日本人とナノエレクトロニクス』『素粒子論はなぜわかりにくいのか』（技術評論社）などがある。

著者ホームページ『科学と技術の諸相』
URL：http://www005.upp.so-net.ne.jp/yoshida_n/

量子論はなぜわかりにくいのか
〜「粒子と波動の二重性」の謎を解く

2017年4月26日　初版　第1刷発行

　　著　者　吉田 伸夫
　　発行者　片岡 巌
　　発行所　株式会社技術評論社
　　　　　　東京都新宿区市谷左内町21-13
　　　　　　電話　03-3513-6150　販売促進部
　　　　　　　　　03-3267-2270　書籍編集部

印刷／製本　株式会社 加藤文明社

定価はカバーに表示してあります。

本の一部または全部を著作権の定める範囲を超え、無断で複写、
複製、転載、テープ化、あるいはファイルに落とすことを禁じます。

©2017　吉田伸夫
造本には細心の注意を払っておりますが、万一、乱丁(ページの乱れ)や落丁(ページの抜け)がございましたら、小社販売促進部までお送りください。送料小社負担にてお取り替えいたします。

- ●ブックデザイン　大森裕二
- ●カバーイラスト　大片忠明
- ●本文DTP　　BUCH$^+$

ISBN 978-4-7741-8818-8 C3042
Printed in Japan